씨앗

씨앗

저　자 | 조화현
발행자 | 오혜정
펴낸곳 | 글나무
주　소 | 서울시 은평구 진관2로 12, 912호(메이플카운티2차)
전　화 | 02)2272-6006
e-mail | wordtree@hanmail.net
등　록 | 1988년 9월 9일(제301-1988-095)

2025년 3월 25일 초판 인쇄 · 발행

ISBN 979-11-93913-18-5 03520

값 16,000원

씨앗

조화현 지음

식량의 소중함과
농심의 가치를 깨닫게 하는 값진 글

손 병 두 (전 KBS이사장, 서강대학교 총장)

농업은 국민의 먹거리를 담당하는 중요한 산업이며,
식량안보 없이는 선진국으로 성장할 수 없다

새해를 맞으면서 무엇보다도 반가운 소식을 듣게 되어 기쁘다. 다름이 아니라 아끼던 후배인 조 회장이 우리 농업을 걱정하는 글을 담은 책을 편찬하겠다고 해서 자랑스럽다. 우리나라는 전통적인 농경사회였다. 농경국가이면서도 농업이 국가 경제에 미치는 영향은 이루 말할 수 없이 초라하다. 총 부가가치 대비 농림어업 비중은 1.5%(2023년)에 불과하다. 더욱이 농업은 국민들의 먹거리를 책임지는 국가 기간산업이다. 그럼에도 농업은 국민의 농업으로 자리 잡지 못하고 농업인의 농업에 머물고 있다. 왜 그럴까? 여러 요인이 있겠지만 그중에서 농업에 영향을 미치는 지도자들의 몫이 적지 않다.

농업을 국가 경제를 담당하는 산업으로 육성하기보다는 농업인을 위한 산업으로 한정한 부분이다. 한 예로 '97년 외환위기가 발생하였을 때 가장 먼저 다국적 기업에 넘어간 기업이 흥농종묘와 중앙종묘, 서울종묘 등 국내 종자회사였다. 뿐만 아니라 쌀은 지구촌의 20억이 넘는 인구가 주식으로 이용하는 작물이다. 하지만 우리는 쌀 생산 농가를 보호해야 한다는 소극적인 자세로 인하여 성장의 기회를 잃고 말았다. 우리나라 쌀은 세계적으로도 품질이 뛰어나 일찌감치 국제사회에서 경쟁하였다면 지금쯤 우리나라 쌀은 K-FOOD를 선도하고 있을 것이다.

20여 년 전 조 회장을 만났을 때 조 회장 같은 기업인이 우리나라 농업을 위해 역할을 해야 한다고 주문한 적이 있다. 작금의 농업 환경은 시장 개방의 파고 속에 기후 위기 등 많은 어려움에 처해 있다. 우리 농업 발전과 국민들의 안전한 먹거리 생산을 위해 기업인들의 역할이 보다 중요한 시점에, 기업을 경영한 경험과 노하우가 풍부한 조 회장이 농촌을 아끼고 농업인을 사랑하는 마음이 담긴 저서 《씨앗》을 출간한다는 소식은 봄기뭄에 단비처럼 반가운 소식이다.

세계 4위의 식량 수입국이자 분단국가라는 지정학적 어려움 속에 처한 우리나라는 농업의 소중함을 아무리 강조해도 아쉬운 현실이다. 농촌이 살아야 나라 경제가 살아난다. 농업의 발전을 위해 더 많은 기업인과 지식인들이 우리 농업에 관심을 가지기를 바라 마지않는다.

농업의 발전과 식량안보가 절실한 때에 농업에 애환이 가득한 《씨앗》의 출간을 축하합니다. 아울러 우리나라 농업이 더욱 성장하기를 바랍니다.

농업의 소중함을 일깨워 주는
농심 가득한 글

한 호 선 (전 농협중앙회장)

우리는 식량 없이 한순간도 살 수 없고 선진국으로 성장할 수도 없다
농업은 우리의 생명이고 문화이고 미래이다

농업은 무엇인가? 농업은 땅이고 어머니이고 생명이며 예술이다. 농업은 쌀이고 문화이고 우리의 미래이다. 농업은 우리의 생명과 미래를 쥐고 있다. 하지만 먹거리가 넘치는 요즘, 농업의 소중함에 대해서는 간과하고 있는 현실이다. 정말로 우리는 식량이 풍족한 사회에 살고 있을까? 시선을 조금만 넓히면 지구촌 인구의 1/9이 만성적인 식량난에 시달리고 있고 5초에 1명의 어린이가 굶어서 목숨을 잃고 있다는 것을 알 수 있다. 우리나라도 지금처럼 풍족한 삶은 수천 년 역사에서 겨우 30~40년에 불과하다. 더욱이 지금의 풍족은 80%를 남의 손을 빌린 불안전한 풍요이다. 우리나라의 곡물자급률은 19.5%에 불과하며 전 세계 4위의 식량 수입국이다.

농업은 농업인의 삶의 터전이지만, 우리에게는 생명의 원천이다. 우리의 생명과 미래는 농업에 달려 있다. 우리의 생명과 미래를 농업인이 맡고 있는 셈이다. 하지만 농업인이 국민들의 생명을 책임지기에는 너무나 많은 어려움에 처해 있다. 내부적으로는 농업인의 고령화 문제, 외부적으로는 수입 농산물과의 경쟁과 기후 환경 변화에 노출되어 있다. 식량의 80%를 수입에 의존한 우리는 농업을 둘러싼 현실을 되돌아보고 관심과 지원을 아끼지 말아야 한다.

'씨앗을 자급자족해야 우리 농업이 독립한다'는 신념이 무너지고 만 것이다

근세기 우리 농업의 아픈 역사를 짚어보면 '97년 외환위기 때 굴지의 국내 종자업체들이 다국적 기업에 헐값에 넘어간 것이다. 종사 산업은 제2의 반도체라고 할 만큼 중요한 산업이다. 하지만 정치권과 국민들의 무관심 속에 흥농종묘와 중앙종묘, 서울종묘 등 5개의 국내 종자기업들이 일본과 다국적 기업에 넘어갔다. 이들 5개 종자회사의 매출 점유율은 70%가 넘었다. 단번에 국내 종자 기업이 외국 기업에 넘어간 뼈 아픈 추억이다. 소리 없는 전쟁이라고 불리는 종자 전쟁 시대에 소중한 종자 산업이 무너지고, '씨앗을 자급자족해야 우리 농업이 독립한다'는 신념이 한순간에 무너지고 만 것이다.

최근 국제 정세 불안에다가 기후 환경 변화로 농업이 큰 위기를 맞고 있다. 국제 곡물가 폭등과 식량 위기는 언제든지 재현될 수 있는 상황이다. 국제 정세와 기후 환경 변화는 우리 농업인들이 대응하기에는 너무나 힘든 파고이다. 위기에 처한 우리 농업인에게 힘을 주고 식량난을 해결할 수 있는 길은 국민 모두가 농업에 관심을 가지고 지원하는 일이다. 때마침 기업가 출신인 조 회장이 농업을 아끼는 마음을 담아 출간하는 《씨앗》은 우리 농업인에게 큰 힘이 될 것이라고 기대한다.

　　조 회장의 《씨앗》 출간을 진심으로 축하합니다. 아울러 올해에도 우리 농업의 발전과 풍년을 기원합니다. 감사합니다.

농업은 인류 최초의 직업이자
인류와 마지막까지 함께할 소중한 직업

요즈음 나는 제대로 살고 있는가? 바른길을 걷고 있는가? 하는 의문이 듭니다. 이 의문은 정의감에서 시작한 농협의 개혁을 외치면서 또 조합장 선거라는 과정을 겪으면서 나타난 증상입니다. 인생 80년을 산다지만 잠자는 시간, 허드레 시간 다 빼고 나면 40도 안 되는 찰나 같은 삶인데 이 금쪽같은 시간을 나는 제대로 살고 있는가? 누군가는 처자식 부양 책임도 끝난 60대가 가장 아름다운 시기라는데 저는 가시밭길을 외로이 걷고 있으니 제 선택에 대한 회의가 밀려옵니다.

많은 지인들이 저를 도와주고 응원해 주지만, 늦은 밤 혼자 있는 시간은 회의와 번민이 밤의 깊이만큼이나 깊게 밀려옵니다. 이 가시밭길 같은 여정을 묶은 일기장에 남겨 봅니다. 글이란 참으로 묘합니다. 억울함과 답답함을 달래고자 시작한 습작이 옛 추억과 함께 그동안 묻어 두었던 내면의 생각들을 상기시킵니다. 까마득한 추억들은 저를 다시 예전의 열정 가득한 젊은 시절로 타임머신을 타게 합니다. 두려움이 사랑으로, 원망이 희망으로 바뀌는 아름다운 체험의 시간이었습니다.

더욱이 늦깎이 농부로서의 삶은 제게 새로운 에너지를 안겨 주었습니다. 저는 어쩌다 농부가 되었고 어쩌다가 조합원이 되었지만, 농부로서의 삶은 훌륭한 선택이었습니다. 아니 진작에 제가 걸어야 할 길이었는지도 모릅니다. 애당초부터 제 몸엔 농부의 DNA가 숨겨져 있었던 것 같습니다. 소일거리로 시작한 농사일이지만 농사는 자연과 함께하고 자연의 섭리에 따라야 한다는 것을 알게 되었습니다. 자연의 고마움과 신비를 깨닫고 평생을 농사지으면서 살아온 선조들의 농심도 헤아려 봅니다. 농업은 생명을 살리는 창조산업입니다. 농업인들이 가난 속에서도 고된 농사일을 천직으로 살아온 지혜를 이제야 알 것 같습니다.

서당 개 삼 년이면 풍월을 읊는다고 하듯이 제 농장도 어느새 꼴을 갖췄습니다. 사과나무를 비롯해 과수들도 제법 수형을 갖췄고 철마다 싱싱한 먹거리를 얻고 있습니다. 싱그러운 아침 햇살에 만난 채소들은 잡초 덤불 속에서 제게 도와 달라고 아우성입니다. 제 손길과 발길에 채소들은 밝게 환호합니다. 그 밝고 싱그러움 가득한 환호는 내일도 모래도 또다시 제 발길을 채마밭으로 이끌게 하는 마법입니다. 여름철 나뭇가지에 매달려 짝을 찾는 매미도 제 발걸음에 장단을 맞춥니다. 주위에서는 수익도 나지 않는 농사에 왜 그리 정성이냐고 하지만, 저는 돈보다 더 귀한 가치를 발견하였습니다. 배추 한 포기, 무 한 뿌리 모두 가냘픈 풀에 불과하지만, 모두 저를 위해 우리를 위해 기꺼이 자라고 있는 것을 압니다. 더위와 가뭄에 때론 잡초 덩굴에 갇혀서 제 발길만 애타게 기다리고 있는 모습을 보면 평생 농사지은 농부처럼 물을 주고 풀을 뽑고 즐거이 작물을 돌봅니다.

식량은 인류의 최대 관심사이자 가장 소중한 자산입니다

농장을 돌보면서, 또 글을 쓰면서 농업의 소중함을 다시 생각해 봅니다. 농업은 인류 최초의 직업이자 인류와 마지막까지 함께할 소중한 직업입니다. 산업이 발달하면서 또 먹거리가 풍족해지면서 농업은 비록 많은 사람들로부터 소외받고 있지만, 우리 농업인들은 한결같이 그 자리에서 농사를 지을 것입니다. 농업인에겐 농업은 삶의 터전이자 천직입니다. 고된 농사일이지만 국민들의 먹거리를 위해 한평생 농사를 짓고 있는 농업인들은 애국자이십니다. 식량은 인류의 최대 관심사이고 가장 소중한 자산입니다. 국민들의 생명을 책임지는 식량을 생산하는 농업은 국가의 기본 산업입니다. 그동안 농업·농촌은 물가 안정 정책에 희생을 당하면서도 또 시장 개방의 파고와 코로나 팬데믹 속에서도 꿋꿋이 성장해 왔습니다. 국가 경제의 기본인 식량 생산이라는 창조산업에 종사하는 농업인이야말로 존경받아 마땅한 분들입니다. 비가 오나 눈이 오나 묵묵히 농업에 종사하시는 농업인 여러분! 사랑합니다. 존경합니다. 감사합니다.

제 글에 다소의 미흡한 점이나 오류가 있더라도 넓은 마음으로 혜량해 주시면 감사하겠습니다. 사실 이 글을 쓰면서 가장 미안하고 고마운 사람은 바로 가족들입니다. 쉬어도 될 늦은 나이에 농사를 짓느라 또 선거를 치른다고 집안일을 돌보지 못했는데, 이제는 글까지 쓰다 보니 아예 집안일에는 관심을 주지 못했기 때문입니다. 늦은 나이에 쉼 없이 뛰어다니고 또 늦은 시간 글을 쓰는 저를 늘 노심초사 걱정스러운 눈으로 쳐다보는 사랑하는 아내 최영희와 언제나 저를 응원하는 아들 조해룡·해구에게, 그리고 이 글을 읽으시는 모든 분께 바칩니다. 또한 이 글을 쓰는 할아버지를 신기한 눈빛으로 쳐다보는 눈에 넣어도 아프지 않을 손주 조수호·은우에게 사랑하는 마음을 전합니다. 더불어 제게 사진을 가르쳐 주시고 조언해 주신 최태희 교수님과 제 원고를 편집해 주신 글나무 오혜정 사장님께 진심 어린 감사의 말씀을 드립니다. 끝으로 변혁의 시기에 우리 농업이 더욱 성장하여 안전한 먹거리와 식량안보를 지키며, 농업인들이 더욱 신명 나게 농사지을 수 있기를 기대해 봅니다.

2025년 2월 乙巳年을 맞으면서
저자 조화현

| Contents |

1장. 봄, 파종

2장. 여름, 개화·성숙

| Contents |

4장. 겨울, 휴면·충전

사진 제공 : 최태희 교수

1장

봄, 파종

입춘을 맞으면서

1년 24절기 중에서 첫 번째 절기인 입춘(立春)을 맞았습니다. 봄이 시작한다는 입춘절은 입춘대길(立春大吉)과 풍년 농사를 기원하는 경사스러운 날이지만, 여전히 추운 날씨만큼이나 농업인들의 마음도 얼어붙어 있습니다. 봄을 맞아 영농철이 다가오고 있지만 지난해의 흉작과 영농 자재비 부담이 농업인들의 마음을 짓누르고 있기 때문입니다. 급변하는 기후 변화로 우리 농업인들은 큰 난관에 봉착해 있습니다.

지난해 여름과 가을에 폭염으로 사과와 배, 채소류 등 많은 농작물이 막대한 피해를 입었고, 또한 지난 11월 117년 만의 기록적인 폭설로 주저앉은 시설물 복구는 엄두도 내지 못한 채 봄을 맞고 있으며, 게다가 고환율로 인하여 영농 자잿값 또한 고공행진을 하고 있습니다.

우리 농업은 농가 고령화와 기후 변화에 따른 작황 불안, 인건비 및 영농비 인상 등 3~4중고의 위험에 빠진 상태에서 입춘을 맞고 있습니다. 그 중 어느 것 하나도 난관을 피할 수 있는 대책이 없는 상황입니

다. 농업인들은 농사를 지어야 할지, 과감히 농사를 포기해야 하는지 기로에 서 있습니다.

통계청 자료에 따르면 2023년 농가소득은 50,828천 원으로 '22년 46,153천 원보다 10.1% 상승한 반면 농가 부채는 같은 기간 35,022천 원에서 41,581천 원으로 무려 18.7%나 뛰었습니다. 2024년은 농가 경제가 더욱 악화 될 것으로 예상됩니다. 지난해 농가구입가격 지수는 변동이 없으나, 농가판매가격지수는 1/4분기 124.5에서 3/4분기 113.6으로 1/4분기에 비해 9.9포인트 떨어져 농가경영이 더욱 불리해졌습니다. 엎친 데 덮친 격으로 외국인 근로자들의 임금 등 인건비도 지속적으로 상승하고 있으며, 국내외 정세 불안으로 인한 고환율로 비료와 사룟값마저 들썩이고 있습니다.*

2024년 9월 배추 가격이 폭등하여

고물가에 대한 원성과 불안이 컸지만 정작 최대의 피해자는 한 해 농사를 망친 농업인들이었습니다. 시중의 양파 가격이 오르면 물가 안정을 위해 양파를 수입하여 시장 가격을 안정시키지만 양파 재배 농가들은 고스란히 피해를 감수해야만 합니다. 지금도 여전히 우리 농업인들은 물가안정 정책의 피해자입니다.

입춘을 반길 수만 없는 현실이 안타깝기만 합니다

입춘을 맞아서 농업인들은 풍년을 기원하고 싶지만, 풍년이 되면 가격이 폭락하고, 흉년이 되어 가격이 오르면 수입하여 가격 인상을 억제하는 현실에서 웃지도 울지도 못하는 안타까움에 처해 있습니다. 春來不似春란 말처럼 봄이 오고 있지만 봄을 맞지 못하고, 심지어 봄이 오는 것을 두려워하고 있는 현실이 안타깝기만 합니다.

더욱이 세계적인 기후 변화 속에 자연재해로부터 농업인의 피해를 최소화하기 위한 농업 수입 안정보험 방안은 국회의 벽을 넘지 못해 좌초될 위기에 처해 있으며, 지난 국회는 농업예산을 80억 원 감액하는 등 농업인의 사기를 저하시키고 있습니다.

하지만 저는 믿고 있습니다. 입춘이 지나고 우수가 되면 우리 농업인들은 겨우내 움츠린 가슴을 펴고 다시 씨앗을 뿌릴 것입니다. 그 씨앗들은 온 들녘을 뒤덮고 풍년을 가져다줄 것입니다. 생명 창고의 열쇠를 쥐고 있는 농업인들은 우리의 식탁을 풍성하게 채우고 나아가 수천 년

이어온 우리 농업을 지키리라 믿습니다.

  농경사회에서 입춘은 한 해의 시작점이었습니다. 선조들은 24절기 중 입춘절을 가장 소중하게 여기며, 몸과 마음을 새로이 가다듬고 입춘대길(立春大吉)과 건양다경(建陽多慶)을 기원하였습니다. 선조들은 대길(大吉)을 위하여 선행과 수련은 물론 고통을 감내해야 한다고 가르쳤습니다. 요즈음은 목전의 이익만 좇다 보니 선조들의 지혜조차 챙겨볼 여유도 없이 살고 있지만, 진정한 성공과 참된 행복의 첫걸음은 지금 이 순간 자신을 되돌아보고 감사하는 것이라 생각합니다. 입춘절을 맞아 선조들의 지혜를 빌려 봅니다. 아울러 올 한 해에도 풍년과 평화를 기원합니다.

파종

　파릇파릇 생명이 움트는 봄이 왔습니다. 파란 새싹이 힘차게 솟아오르고 울긋불긋한 꽃들이 봄을 재촉하고 있습니다. 春來不似春이란 말처럼 봄이 왔지만 마음은 무겁기만 합니다. 제 마음을 재촉하려는 듯 밤사이 봄비가 내렸습니다. 제 망설임이 걱정이 되는지 주위에서도 이제 씨앗을 뿌려야 한다고 독촉합니다. 꽃샘추위도 아랑곳하지 않고 언 땅을 비집고 자라는 새싹들을 보면서 언 마음을 풀고 지난번에 뿌렸던 씨앗을 다시 뿌리기로 마음먹었습니다.

　밤사이 봄을 재촉하는 봄비가 내렸지만 가뭄은 여전합니다. 제철이 되었으니 씨앗을 뿌려야 하지만 가뭄 속에 땅심을 알 수가 없습니다. 또 한편에서는 땅이 거치니 씨앗을 뿌릴 타이밍이 아니라고 성급한 파종을 만류합니다. 하지만, 씨앗을 뿌리지 않으면 땅심도 알 수 없고 땅도 바꿀 수 없지 않을까? 거친 땅도 주인을 잘 만나면 옥토로 바꿀 수 있다고 믿었기에, 아니 더 이상 버려둘 수 없는 데다가 새로운 주인을 간절히 기다리는 선배 농업인들의 애환이 가득한 땅이기에 다시 씨앗을 뿌렸습니다.

제 생각과 달리 땅은 평온하였지만 그동안 가꾸지 않은 데다가 가뭄과 거친 풀들로 땅심이 고갈되었는지 제가 뿌린 씨앗은 싹이 트기도 전에 라운드-업(고엽제=제초제)을 뒤집어쓴 것처럼 온몸이 부서지는 아픔을 겪어야 했습니다. 비롯 예기치 않았던 음해로 시달려야 했지만, 옛말에 땅은 배반하지 않는다고 했듯이 지난번에 이어서 다시 씨앗을 뿌린 결과 땅이 바뀌고 있음을 실감했습니다. 사실 땅심이 문제가 아니었습니다. 땅은 애당초부터 기름지고 좋은 땅이었다는 것을 확인한 소중한 봄이었습니다.

꽃샘추위는 식물을 더 강하게 만들고 환경 적응력을 키웁니다

꽃샘추위 가득한 봄날이었지만 제게 아픔만 준 것이 아니었습니다. 받은 고통만큼 저를 더 단단하게 성장시켜 주었습니다. 꽃샘추위는 꾸어다가도 한다는 선조들의 지혜가 생각납니다. 추운 겨울이 있기에 식물들이 더욱 왕성하게 자라듯이 저 역시 꽃샘추위의 상처에서 더욱 성장할 수 있는 에너지를 얻었습니다. 뿐만 아니라 애초에 거친 땅이라고 씨앗을 뿌리지 말라고 만류했던 지인들도 이제 땅도 환경도 많이 변했다면서 제게 용기를 줍니다. 지친 저를 지켜보면서 이제 참 주인을 만날 수 있을 것이라고 기대하고 있었는데 혹시나 마음이 변하지나 않을까 걱정하는 모습입니다.

땅심을 바꾸려면 더 좋은 씨앗이 필요합니다. 거친 땅일수록 더 많은 거름이 필요하고 더 부지런한 주인을 만나야 합니다. 소작인이 아니라 참된 주인을 기다리는 땅심을 알기에 한결같은 마음으로 거친 땅을 바꿀 거름을 준비합니다. 썩지 않은 퇴비에서는 씨앗이 제대로 자리지 않기에 제대로 익힌 발효된 퇴비를 만들기 위해 오늘도 선배 농업인들로부터 많은 조언을 듣고 있습니다. 한 분 한 분의 조언은 저를 더욱 성장시키고 있습니다. 그분들도 거친 땅을 바꾸기 위해 평생을 희생하고 노력하신 분들입니다. 선배 농업인들의 노고에 보답하기 위해서라도 다시 씨앗을 뿌려야 한다는 각오를 다져 봅니다. 다시 뿌리는 씨앗은 거친 땅을 뚫고 나와 옥토로 바꿀 하이브리드 씨앗을 준비하도록 하겠습니다. 그 하이브리드 씨앗은 수백, 수천 명의 농업인에게 희망을 주는 새싹으로 자라도록 키울 것입니다.

새봄을 맞기 위해서는 꽃샘추위를 견딜 수 있어야 한다는 것을 새삼 느꼈습니다. 거친 땅을 바꾸기 위해서는 누군가의 희생이 필요하다는 것을 알기 때문에 그 희생을 피하지 않을 것입니다. 새봄이 오면 우리 농업을 살릴 수 있는 씨앗을 뿌리는 것이 제 소임이라고 생각합니다. 그 소임을 위해 오늘도 거친 땅을 바꿀 퇴비를 익히고 하이브리드 씨앗을 준비하고 있습니다. 문전옥답을 가꾸는 머슴이 되고자 다짐합니다.

농심

온 천지가 황금빛 세상입니다. 까마득한 지평선을 뒤덮은 저녁노을 속에 넘실거리는 황금빛 들판은 보기만 해도 풍요가 넘칩니다. 그 풍요로움 속에 농부의 넉넉한 마음도 함께 넘실거립니다. 농부는 작은 볍씨 한 톨이 싹을 틔우고 비바람을 맞고 삼복더위를 견디고 나면 풍성한 황금 들판을 안겨 줄 것이라는 잠재력을 믿고 있습니다. 농부는 굶어 죽어도 씨앗은 베고 죽는다고 합니다. 봄이 오면 보물같이 여기던 씨앗으로 모를 키웁니다. 농부는 농작물이 주인의 발자국 소리를 듣고 자란다는 것을 압니다. 틈틈이 논두렁 밭두렁을 거닐면서 곡식들과 속삭이며 수시로 잡초에 포로가 된 농작물을 도와줍니다.

농부의 마음은 정직합니다. 콩 심은 데 콩 나고 팥 심은 데서 팥 난다는 것을 압니다. 농부는 절대 일확천금을 기대하지 않습니다. 뿌린 만큼 거둔다는 것을 알기에 욕심부리지도 않습니다. 좀 더 많은 수확을 위해 더 일찍 씨를 뿌리지도 않습니다. 괜히 일찍 뿌렸다가 손해 볼 수 있기 때문입니다.

농심은 나눔과 사랑입니다

제가 어렸을 때 아버지는 잔손이 많이 간다고 토마토를 심지 않았습니다. 하지만 우리 집은 여름철 내내 토마토가 떨어지지 않았습니다. 뒷집 말자네가 토마토를 주었기 때문입니다. 어머니도 뒷집 말자네가 농사짓지 않는 옥수수와 감자를 수시로 나눠 줍니다. 농부는 비둘기가 옥수수를 주인보다 먼저 가져갔다고 비둘기를 탓하지도 않고 까치가 땅콩밭을 헤쳤다고 서운해 하지도 않습니다. 으레 날짐승 들짐승과 반타작에 익숙할 뿐입니다. 농부는 발갛게 익은 탐스런 감일지라도 절대

모두 수확하지 않습니다. 새들이 벌레를 잡아 주는 고마운 존재라는 것을 알기에 새들에게도 먹이를 남기는 마음이 가득합니다.

농부는 생명의 신비를 압니다. 아무리 혹독한 겨울이지만 봄이 되면 어김없이 생명이 움트는 신비를, 세찬 비바람 속에서 농작물이 더 강해진다는 것을 알고, 뜨거운 태양 속에서 곡식이 더 알차게 영근다는 것을 알기에 농부는 추위도, 세찬 바람도, 뜨거운 태양도 고맙고 감사하기만 합니다. 농부는 세상만사가 우연이 아니라 모든 것이 함께한다는 대자연의 법칙을 알고 있습니다. 농부들은 촌락을 이루고 공동체 생활을 즐겼습니다. 그 넓디넓은 평야에 혼자서 어찌 모를 심고 추수를 할 수 있겠습니까? 이웃과 함께 나누고 힘을 모아서 같이 하기에 가능한 일입니다.

농심은 자연에서 얻은 지혜이자 천심입니다

농심은 천심입니다. 하늘과 함께하지 않으면 아무것도 얻을 수 없다는 것을 압니다. 농부는 배추 한 포기조차 내 힘으로 키울 수 없다는 것을 압니다. 때맞춰 비가 내려야 싹이 트고, 따사로운 햇볕이 도와줘야 곡식이 무럭무럭 자란다는 것을 압니다. 미국에서는 풍성한 수확에 감사드리는 추수 감사절이 최대의 명절입니다. 추수 감사절은 하늘에 감사를 드리는 것은 물론 옥수수 재배법을 알려 준 원주민들에게 고마움을 전하고 이웃과 사랑을 나누는 최대의 잔치입니다.

오늘날 삶이 점점 팍팍해지고 있습니다. 남보다 앞서지 않으면 뒤처지는 것 같아 서로 경쟁하기 일쑤입니다. 인류 역사상 경쟁사회가 풍요로운 적은 없었습니다. 기러기는 하늘을 날면서 동료를 응원하고 협력하기에 수천 킬로미터를 거뜬히 이동합니다. 농심은 우리 선조들이 수천 년 살면서 자연에서 얻은 지혜입니다. 더욱이 우리는 AI시대를 맞아 기계와 공존해야 하는 시대를 맞이하고 있습니다. 그 어느 때보다도 인간애가 절실합니다. 우리 선조들이 수천 년에 걸쳐 자연에서 배운 농심을 되찾아야 합니다.

'농심은 선조들이 주는 선물이자 천심입니다.'

누가 너를 잡초라고 하는가?

오늘도 종일 잡초와 씨름을 하였습니다. 분명히 제가 한판승을 거둔 것 같았는데 결과는 오늘도 잡초에게 두 손을 들고 말았습니다. 자존심마저 버릴 수 없어서 내일 다시 한판 하자고 별러 봅니다. 내일은 기필코 잡초 너를 무너뜨리리라. 내일도 한판승을 붙겠지만, 제가 먼저 지칠 것을 압니다. 전 잡초와의 한판승에 존재감을 찾는지도 모릅니다. 저를 응원하던 당근과 강낭콩과 어린 파들이 하루가 다르게 커가는 모습을 보면서 "나도 농부다."라는 자부심을 가져 봅니다.

명아주의 왕성한 에너지는 천하장사도 당할 수 없습니다. 바쁜 일상으로 한동안 밭을 돌보지 못했습니다. 주인 없는 밭을 명아주가 차지했습니다. 주인을 기다리던 당근과 강낭콩과 마늘은 온데간데없고 한길만 한 명아주가 온밭을 덮어버렸습니다. 바랭이도 명아주 못지않습니다. 수없이 잘라도 기어이 땅을 비집고 나옵니다. 가냘프다고 절대 얕볼 수 없는 존재입니다. 잡초를 바라보면 생명의 신비감마저 듭니다.

원자 폭탄으로부터 땅을 살린 것은
쑥을 비롯한 잡초이다

원자 폭탄을 맞은 히로시마에 가장 먼저 움튼 것이 쑥이라고 합니다. 핵으로부터 땅을 살린 것은 쑥을 비롯한 잡초입니다. 짓밟고 쓰러뜨려도 다시 일어서는 그 왕성한 생명은 우리 민초들도 마찬가지입니다. 그래서 우리 민족을 잡초 같은 민족이라 했나 봅니다.

때로는 원수 같은 잡초라고 투덜거렸지만 잡초는 절대 땅을 독식하지 않습니다. 강아지풀, 둑새풀, 제비풀 등, 봄철에 나온 잡초는 여름이 되면 쇠비름과 바랭이 같은 더위를 좋아하는 동료한테 땅을 내어 줍니다. 쇠비름 역시 가을이 되면 달맞이꽃 같은 서늘한 바람을 즐기는 동료에게 자리를 넘겨줍니다. 자연 속에서 서로 공존하려는 지혜라고 여겨집니다.

뿐만 아니라 잡초의 생존 전략은 과히 금메달감입니다. 민들레씨는 가벼운 몸으로 하늘하늘 날아다니며 새로운 정착지를 찾고, 도깨비 풀은 사람이나 짐승의 털에 묻어서 발 없이도 가고 싶은 곳을 여행합니다. 애기똥풀 씨앗은 개미에 업혀서 살기 좋은 곳을 찾아다니고, 질경이씨는 고성능 접착제를 만들어 방문자 몸에 달라붙어서 온 세상에 후손을 퍼뜨립니다. 비록 농부에게 잡초는 원수 같은 골치 아픈 존재이지만, 목축업을 하는 축산인에게는 잡초가 아니라 고마운 초지이고, 삭막한 사막에서 자라는 잡초는 생명의 신비를 느끼게 하는 신의 축복입

니다. '잡초 같은 사람'이라면 흔히들 부정적 의미로 받아들이지만 요즘처럼 급변하는 환경에서 살아남으려면 제발 잡초 같은 끈질긴 생명력과 왕성함을 배우라고 권하고 싶습니다.

밀밭에 난 보리도
보리밭에 난 산삼도 잡초이다

가만히 살펴보면 밀밭에 난 보리는 잡초입니다. 보리밭에 난 산삼도 잡초입니다. 있을 자리에 있지 않으면 산삼도 잡초가 되는 것입니다. 잡초의 원래 이름은 나물입니다. 산에 나면 멧나물, 들에 나면 들나물입니다. 먹거리가 풍부해지자 나물에서 잡초로 강등당했습니다. 민들레는 위장을 튼튼하게 하며 암을 고치는 약초이고 엉겅퀴는 간을 살리는 귀한 약초입니다. 들길에 밟혀도 밟혀도 끈질기게 살아가는 질경이도 기침이나 간염, 폐와 대장에 뛰어난 약효를 지닌 약초입니다. 논밭에 곡식과 함께 자라면 잡초라 해서 제거돼야 하는 풀이지만, 제 고유의 역할을 지닌 짓밟혀도 소리 없이 살아가는 대단한 생명체입니다.

저는 내일도 잡초와 한판 씨름은 하겠지만 잡초의 효능을 알기에 함부로 대하지 않을 것입니다. '내가 너희와 씨름을 하는 이유는 저 어린 당근과 채소들이 도와 달라고 아우성치고 있기 때문이다. 대신 너희가 있어야 할 본연의 자리를 찾아 주고 싶구나.' 춘궁기에 무수한 백성들의 배를 채워 주었던 고마웠던 시절을 기억합니다. 봄에 입맛을 돋워주었던 쑥, 건나물로 즐겨 먹던 쇠비름과 쑥부쟁이, 망촛대 모두가 다 우리 몸에 이로운 풀들입니다. 한의학에서는 잡초는 없다고 합니다. 그렇습니다. 알면 약이고 모르면 잡초입니다.

잡초, 너에 대해 알고 싶고 공부하련다. 나도 누군가에게 도움이 돼야 하지 않겠니? 나의 존재감을 일깨워 주는 잡초여 고마우이. 네 끈질긴 생명력과 세상을 여행하는 지혜에 감탄한다.

자신의 역할을 다하려고 밟혀도 밟혀도 끊임없이 자라는 질경이 같은 풀들의 왕성한 생명력을 보면서 저도 넘어지고 넘어져도 다시 일어서는 에너지를 얻고 있습니다. 파워풀한 잡초여! 너도나도 지구상에서 함께 살아가는 공동체로구나. 나를 일깨워줘서 고마우이.

우리나라 곡물 수입량은 얼마나 될까?

연간 곡물 수입량은 1,500만 톤, 15톤 트럭 100만 대 분량
이를 경부고속도로에 세운다면 경부고속도로가 3개 더 필요

우리나라는 미국, 중국, 독일에 이어 세계 4대 곡물 수입국입니다. 연간 농산물 수입액은 400억 달러에 육박하고. '22년 농산물 무역수지 적자는 무려 311억 달러에 이릅니다. 최근 3개년 곡물자급률은 19.5%에 불과합니다. 2008년 곡물 자급률 31.3%보다도 오히려 11.8%나 떨어졌습니다. 연간 곡물 수입량은 1,500만 톤에 이릅니다. 어림잡아 15톤 트럭 100만 대 분량입니다. 15톤 트럭을 10미터 간격으로 세운다면 10,000킬로미터가 필요합니다. 경부고속도로 416km에 수입한 곡물을 실은 15톤 트럭을 10미터 간격으로 주차한다고 가정하면 24개의 차선이 필요합니다. 현재의 경부고속도로가 3개 정도 더 필요할 정도로 엄청난 곡물을 수입하고 있습니다.

수입 곡물 1,500만 톤을 십만 톤 선박으로 실어 나른다고 가정한

면 선박 150척이 필요하며, 선박 150척을 정기적으로 운행한다고 가
정하면 이틀 반나절 간격으로 한 척씩 띄워야 합니다. 수입 곡물을 수
출국 항구에서 선적하고 국내 창고로 하역까지 어림잡아서 2개월 정도

소요된다고 가정하면 태평양 바다에는 우리나라로 향하는 수입 곡물을 실은 선박이 항상 25척이나 떠 있는 셈입니다.

쌀을 제외한 곡물 자급률은 5%에 불과하고 밀과 옥수수의 자급률은 1%도 되지 않습니다

최근 유엔 국제연합식량농업기구(FAO)는 식량 위기 재연성을 경고하고 있습니다. 2022년 러시아와 우크라이나의 전쟁으로 국제 곡물 가격이 60%나 폭등하였고, 최근 전 세계적인 기후 재난은 국제 곡물 시장을 더욱 불안하게 하고 있습니다. 더욱이 우리나라는 식량 수입 의존도가 가장 높은 나라이며, 분단국가라는 지정학적 위치를 감안할 때 식량안보의 중요성이 더욱 절실합니다. 쌀을 제외한 곡물 자급률은 5% 수준에 불과하며, 밀과 옥수수는 자급률이 1%도 되지 않습니다. 20%에도 못 미치는 곡물 자급률 제고가 절실한 실정입니다. 미곡 위주의 산업구조에서 수입 곡물을 대체할 수 있도록 정책 전환이 필요합니다. 뿐만 아니라 유사시 수입 곡물을 안전하게 확보하기 위한 노력도 제고돼야 합니다.

곡물 수입국의 다변화는 물론 유사시에도 안전하게 수입할 수 있도록 수입선을 확보하고 유지하도록 민간업체들을 지원해야 할 것입니다. 나아가 현지 곡물조달시스템을 확대 조성해야 하며, 수입 농산물의 유통과 저장 시설을 점검하고, 관련 시스템을 정비하는 노력도 더욱 개선해 나가야 할 것입니다. 어떤 상황에서든 국민들이 안전하게 먹거리를 확보할 수 있도록 식량 자급률을 높이고 안전한 수입선을 확보하여 식량주권을 확보해야 할 것입니다. 무엇보다도 농업의 소중함과 식량안보에 대한 국민들의 관심이 제고되기를 기대해 봅니다.

한 알의 종자가 세계를 지배한다

종자는 제2의 반도체이다

　종자는 제2의 반도체 산업이라 할 수 있습니다. 현재 전 세계는 종자 전쟁이 진행 중입니다. 오늘날 종자 산업은 미국과 중국이 전체 50%를 차지하고 있으며, 그 뒤를 프랑스, 독일, 일본이 차지하고 있습니다. 1991년 UPOV 협약으로 종자 개발자가 지적재산권을 갖게 되면서 기업 간, 또 국가 간의 분쟁이 끊이질 않고 있습니다. 최근의 분쟁 사례는 인도와 다국적 종자기업 몬산토의 분쟁입니다. 2016년 인도 법원은 인도에서 재배되는 유전자변형(GMO) 목화씨에 대해 몬산토가 특허권을 주장할 수 없다고 판결했습니다. 그 당시 인도 농가들은 90% 이상 몬산토사가 개발한 유전자변형(GMO) 목화씨를 재배해 왔는데, 인도 법원의 판결로 몬산토는 인도에 새로운 목화 품종은 출시하지 않겠다고 선언하였습니다. 인도 정부는 1998년도에도 미국 농무부가 인도 재래 고추의 유전자원을 활용하여 개발한 고추 종자를 인도에 수출하자 인도

정부가 반발하면서 외교 문제로 비화된 적
도 있습니다.

씨앗은 생명과 생명을 연결하고
새로운 생명을 창조한다

"농부는 굶어 죽어도 종자를 베고 잔다(農
夫餓死 枕厥種子)"는 옛말이 있습니다. 종자는
생명과 다름없기에 아무리 굶주려도 최후
까지 고수해야 할 필수품입니다. 2차 세계
대전 당시 러시아 '바빌로프 식물연구소' 직
원들의 일화는 세계적으로 알려진 사실입
니다. 독일군이 러시아 레닌그라드 도시를
900일 가까이 포위하자 시민들은 식량 부
족으로 굶어 죽어 갔는데, 바빌로프 식물연
구소의 직원 90여 명 중 30여 명이 아사하
는 상황에서도 연구소에 보관 중인 종자는
한 톨도 손에 대지 않았다고 합니다.

세계 종자 시장은 500억 달러 규모로 낸
드플래시 반도체 시장보다 크고 연 5%씩
성장하는 블루오션입니다. 종자는 식량안보와 직결될 뿐만 아니라 의

약품과 화장품 산업의 원천입니다. 1980년대 이후 세계에서 개발된 신

규 의약품 가운데 60%가 식물의 유전물질에서 비롯되었고, 신종플루

치료제 '타미플루' 역시 중국과 베트남에서 향신료로 재배하는 팔각(스타 아니스)에서 추출한 것입니다. 선진국들의 유전자원 확보는 상상을 초월합니다.

소노라 밀의 유전자원은
우리나라 토종 안전뱅이 밀입니다

소노라 밀은 1940~1960년대 기아를 해결한 밀 품종으로 인정받아 소로나 밀을 개발한 볼로그 박사는 1970년 노벨 평화상을 수상하였습니다. 왜성인 소로나 밀은 우리나라 토종 밀인 안전뱅이 밀을 이용하여 개발한 품종입니다. 이뿐만 아니라 우리나라 토종인 수수꽃다리(털개회나무)는 미국으로 반출되어 '미스킴 라일락'이란 품종으로 판매되고 있으며, 한라산의 대표 식물인 구상나무도 미국에서 품종을 개량하여 크리스마스 트리로 전 세계로 수출되고 있습니다. 더욱 안타까운 사실은 IMF 당시에 중앙종묘가 세미니스(현 바이엘)에 인수됨에 따라서 매운 고추의 대명사로 40년 이상 재배하고 있는 청양고추 재배 농가는 독일의 바이엘에 로열티를 지불하고 있다는 사실입니다. 우리나라의 유전자원이 해외로 반출되면서 그 나라의 자원이 되고, 자칫하면 우리나라의 유전자원임에도 해외에 로얄티를 지불하고 수입해야 하는 상황까지 발생할 수 있습니다. 우리나라 유전자원의 무단 반출을 막고 이를 안전하게 보존하기 위한 노력이 필요한 이유입니다.

우리 정부는 2011년 종자 수출 2억 달러 달성이라는 목표를 세우고, 10년 동안 4911억 원을 투자하는 골든시드프로젝트(Golden Seed Project)를 추진하였습니다. 하지만 고가의 종자인 파프리카, 토마토, 양파 종자는 대부분 수입 종자를 사용하고 있으며, 감귤이나 포도 등 과수 종자도 국산 품종은 찾기가 어려운 실정입니다. 최근 5년(2019~2023년) 간 해외에 지급된 종자 로열티는 총 454억 원인 반면, 우리가 해외로부터 수취한 로열티는 21억 4천만 원에 불과한 실정입니다.

작금의 국제 정세는 언제든지 애그플레이션을 초래할 수 있는 상황입니다

최근 유엔 식량농업기구(FAO)는 식량 위기 재연 가능성을 경고하고 있습니다. 전 세계적인 이상 기후와 불안한 국제 정세는 언제든지 곡물 가격과 물가를 동반 상승시키는 애그플레이션(agflation)을 초래할 수 있는 상황입니다. 우리나라는 곡물자급률이 경제협력개발기구(OECD) 회원국 34개국 중 28위로 최하위권입니다. 식량 위기에 대한 대책 마련이 시급한 과제입니다. 제2의 반도체라고 불리는 종자 산업을 미래 전략산업으로 육성하여 식량주권을 확보하고 한층 더 부강한 나라가 되길 기대해 봅니다.

농사지어 1억 원 벌 수 있을까?

10여 년 전 《농업으로 1억 원 벌기》라는 책이 직장인에게 인기 있었습니다. 저자 호리구치 히로유키(일)가 직장 생활을 하면서 주말에 대파와 피망 농사를 지어 첫해 400만 엔, 이듬해 600만 엔, 3년째 1,000만 엔의 소득을 올렸다는 내용입니다. 비록 부업이나 겸업이 아니더라도 팍팍한 도회지를 떠나서 농사를 지어 보고 싶은 마음은 누구나 한두 번쯤 고민해 봤을 것입니다. 특히 30~40대 직장인들이라면 한 번쯤 도전해 보고 싶은 관심사이기도 합니다. 하지만 농업이란 고된 노동과 토지와 자본이 있어야 하고 게다가 농사 기술까지 갖춰야 하므로 누구나 선뜻 도전하기에는 벅찬 분야입니다.

10년이면 강산도 변한다고 했듯이 농업 환경도 많이 바뀌었습니다. 지금은 어떨까요? 우선 최근의 기사 3편을 살펴봅니다.

· 전남 연 소득 1억 이상 부농 6140호
· 2017년부터 늘어 작년에 역대 최다

· 한우 100마리 이상 사육 농가 1위

· 연 10억 원 이상 소득 농가는 130호

— 〈현대차 생산직 안 부럽다… 전남서 年 1억 원 이상 버는 이 직업은〉

(매일경제 '23. 3. 8)

정윤호 윤호농장 대표(29)는 전북 부안군에서 한우 200마리를 키우는 동시에 26만㎡의 논에서 쌀농사를 함께 짓는 청년농이다. 지난해 순수익은 3억 원. 한우 사육과 벼농사로 1억 5,000만 원씩 흑자를 냈다. 2017년 아버지가 소일거리로 기르던 한우 10마리로 축산업에 뛰어든 20대 청년이 5년 만에 이룬 성과다.

— 〈벼농사·한우사육 병행… 年 3억 순이익 올리죠〉

(한국경제 '22. 12. 21)

경기 평택에서 체리 농사로 연 매출 1억 원을 올린 조상환 씨(70)를 만나본다. 더덕·가시오가피·한우 등 다양한 것을 키워온 베테랑 농민 조 씨. 체리 농사에 뛰어든 지는 13년이 됐다. 4,950㎡(1500평) 규모의 밭에서 체리를 재배한다.

— 〈체리 농사로 연 매출 1억〉

(농민신문 '23. 6. 28)

최근 《매일경제》와 《한국경제》, 《농민신문》에서는 억대 농사꾼을 발

굴하여 농업으로 수억 원을 번 다양한 사례를 소개하였습니다. 언론보도처럼 농사로도 충분히 돈을 벌 수 있습니다. 식량작물 재배에서 벗어나 기능성을 가진 다양한 작물이 등장하였으며, 사업 분야가 1차 산업에서 2차 가공산업과 3차 서비스 산업으로 영역을 확대하고 있기 때문입니다. 더욱이 예전엔 물가 안정정책과 수입 농산물이 더 경제적이란 논리에 농업이 희생양이 되었지만 이제 농산물이 제값 받는 시대가 되었습니다. 이미 공급이 수요를 따르지 못하고 있으며, 또 기후 환경 변화와 불안한 국제 정세는 농업에 또 다른 기회를 제공하고 있기 때문입니다.

실제 농사를 짓는 우리 농업인들의 수익은 얼마나 될까요? 농촌진흥

청에서 조사한 2022년 작물별 표준소득을 기준으로 살펴보겠습니다. 물론 조수익(매출액)을 기준한 자료입니다.

1억 원을 벌려면 벼농사는 25,600평, 생강은 3,400평, 고구마는 9,300평을 지어야 합니다

우리나라에서 가장 많이 재배하는 작물인 쌀은 10a(300평)에 수익이 얼마나 될까요? 쌀은 5~6개월 농사를 지어서 조수익이 1,171천 원입니다. 쌀농사를 지어서 1억 원을 벌려면 8.5ha(25,600평)을 지어야 합니다. 노지 작물 중 소득이 가장 높은 작목은 생강입니다. 생강은 300평당 조수익은 8,825천 원입니다. 생강 농사로 1억 원을 벌려면 3,400평 농사를 지어야 합니다. 요즘 웰빙 식품으로 뜨고 있는 고구마는 얼마나 벌 수 있을까요? 고구마 조수익은 300평당 3,235천 원입니다. 고구마 농사로 1억 원을 벌려면 9,300평을 지으면 됩니다. 충남 논산 지역이나 전북, 전남 지역에는 고구마 농사만 수만 평을 재배하는 농가들이 여럿 있습니다. 고구마 9,300평은 그렇게 벅찬 농사가 아닙니다.

그럼 과수 농사는 얼마나 지어야 할까요? 노지 과수 중에서는 포도 농사가 수익이 가장 높습니다. 300평당 조수익이 11,088천 원이므로 포도 농사로 1억 원을 벌려면 2,700평을 지어야 하며, 시설 포도는 1,670평이 필요합니다. 2위 블루베리는 300평당 9,963천 원이므로 3,000평을 지으면 1억 원을 벌 수 있습니다.

파프리카는 비닐하우스 760평, 촉성 오이는 800평, 장미는 820평을 지으면 1억 원을 벌 수 있습니다

시설재배는 어떨까요? 우선 시설재배에서 가장 소득이 높은 작목은 파프리카입니다. 300평당 조수익이 39,364천 원이므로 비닐하우스 760평이 필요합니다. 그다음은 촉성 오이로 300평당 조수익이 37,355천 원이므로 800평 즉 비닐하우스 4동이 필요합니다. 화훼류 중에서는 장미가 꽤 소득이 높습니다. 시설 장미는 300평당 69천 송이를 생산하여 36,338천 원의 소득이므로 820평을 지으면 1억 원의 매출이 가능합니다.

축산업은 어떨까요? 한우 비육우는 두당 수익이 9,647천 원으로 나타났습니다. 사육 기간이 2년 반 정도이므로 26두를 사육하면 연 1억 원이 됩니다. 돼지는 250두, 산란계는 2,200마리를 사육해야 합니다. 다만, 경종 농업은 순이익률이 절반 수준은 되지만, 축산업의 경우 순이익률이 20%도 채 되지 않습니다. 한우 사육 농가들은 두당 월 1십만 원 벌이는 돼야 한다고 주장합니다. 한우 사육 농가들의 주장을 기준한다면 한우는 80두를 사육해야 연간 1억 원을 벌 수 있습니다.

그 외에도 소득이 높은 작목은 인삼과 알로에 그리고 오가피 등 약초나 야생화, 산나물, 심지어 엉겅퀴나 민들레 같은 틈새 식물도 의외로 소득이 높습니다. 문제는 농사는 다른 산업에 비해 많은 노동력이 동원돼야 하고 일정 부분 수익을 내려면 인고의 시간이 필요하다는 것을 염두에 두어야 할 것입니다.

부자가 되려면 무보수로 기꺼이 일 할 수 있어야…

잠시, 《생각하라 그리고 부자가 되어라》의 저자 나플레온 힐의 이야기를 빌려보고자 합니다. 나플레온 힐은 성공하는 조건 중 하나로 '무보수로 기꺼이 일할 수 있는 마음'이라고 하였습니다. 그는 풋내기 기자 시절 당대의 최고 갑부 강철왕 앤드류 카네기를 인터뷰할 기회가 있었습니다. 그는 카네기에게 "당신은 어떻게 부자가 되었소?" 하고 질문을 했습니다. 그때 카네기는 의외의 제안을 했다고 합니다. "내가 그 비결을 알려줄 테니 그것을 한번 정리해 보는 게 어떻겠소?" 나플레온은 기다렸던 대답이라 흔쾌히 하겠다고 대답했습니다. 그런데 카네기는 다시 "당신은 그것을 무보수로 해야 하오, 그렇게 할 수 있겠소?"라고 물었습니다. 나플레온은 당대 최고 갑부의 제안에 또 조금 전에 흔쾌히 예스라고 한 지라 무보수로 하겠다고 답했습니다. 그렇게 시작한 책이 《생각하라 그리고 부자가 되어라》였습니다. 바로 나플레온 힐을 백만장자로 만든 책입니다. 얼떨결에 무보수로 하겠다고 한 일이 나플레온 힐을 일약 스타로 만든 베스트셀러가 되었습니다.

여기서 우리가 새겨 봐야 할 부분은 무보수로도 얼마든지 일할 가치가 있느냐입니다. 자기가 좋아하는 일이라야 가능한 일입니다. 농사든 직장일이든 시켜서 하거나 돈을 좇아서 한다면 최선을 다하기도 어렵거니와 최선을 다한다고 하더라도 이내 지치고 싫증 나기 마련일 것입니다. 무엇보다도 농사일은 힘들고, 끈기와 인내가 있어야 성공할 수 있기 때문에 단지 농업에 관심이 있다고 무턱대고 도전하는 것은 무모한 도전으로 끝날 공산이 큽니다.

지인 중에 지방에서 농대를 졸업하고 직장 생활을 하라는 부모님의 반대도 불구하고 벼농사를 지었습니다. 농사일이 좋아서 시작은 했지만, 벼농사로 가족을 부양하기 벅차서 인근 공장 야간 경비를 아르바이트하면서 농사일을 계속했습다. 십수 년 전 청년 농부로 선정되어 억대의 농지 구입비를 지원받아서 수도권에 농지 수만 평을 구입했습니다. 지금은 벼농사 매출과 쌀 가공 제품을 출시하여 연간 수억 원대의 매출을 일으키고 있습니다. 정부 지원으로 구입한 땅값이 천정부지로 오른 것은 덤입니다. 수익이 나지 않는 벼농사일지라도 희망을 갖고 꾸준히 농사를 지은 결과입니다.

직장 생활이나 도시 생활이 힘들어서 또는 남들이 농사지어서 돈을 벌었다고 해서 농사에 관심을 갖기 보다는, 자연 속에서 생명을 다루는 일이 좋아서 농사를 짓거나, 인류의 안전한 먹거리를 책임진다는 소명 의식이 있어야 농부로도 성공할 수 있을 것입니다. 농부에게도 인류의 식탁을 책임진다는 기업가 정신과 프로 정신이 필요한 때입니다.

우리나라 식량안보는 안전한가?

우리나라의 세계식량안보지수 순위는 세계 39위입니다

한 나라의 식량안보를 파악할 수 있는 지수가 있습니다. 대표적인 지수로 세계식량안보지수(GFSI)입니다. '22년 우리나라의 세계식량안보지수는 70.2로 전 세계 39위입니다. 우리나라 식량안보는 OECD국 가운데 최하위권이며 우리와 환경이 유사한 일본이 79.5로 전 세계 6위인 점을 감안할 때 우리나라 식량안보지수는 부끄러운 수치입니다.

최근 빈번한 기후 재난과 분단국가로서 지정학적 위기를 감안한다면 식량안보의 중요성은 절실합니다. 하지만 우리나라의 세계식량안보지수는 10년 전(2012) 21위에서 '22년 39위로 떨어졌습니다. 곡물자급률도 같은 기간에 23.6%에서 19.5%로 떨어졌습니다. 특히 쌀을 제외한 곡물의 자급률은 4.6%로 너무나 초라한 실정입니다. 그 이유는 수입농산물이 더 경제적이라는 비교우위론 정책과 경작 면적과 생산량은 정체된 반면 수요량은 지속적으로 증가하고 있기 때문입니다.

식량안보를 확보하려면 적극적인 정책 도입이 필요합니다

한정된 경지 면적에서 생산량을 늘리거나 곡물자급률을 높이는 것도
한계가 있습니다. 따라서 식량안보를 확보하기 위해서는 보다 적극적

인 정책 도입이 절실합니다.

첫째, 안전한 곡물 수입을 위해 현지 곡물조달시스템을 확보해야 하며, 둘째, 유사시를 대비하여 수입국의 다변화는 물론 보다 안정적인 수입창구를 조성해야 합니다, 셋째, 기업과 연대하여 해외농업개발을 확대해야 하며, 넷째, 쌀 위주의 농업정책에서 탈피하여 논에 콩이나 옥수수 등 타 작물을 재배하도록 보조금 및 지원책을 확대 개선하여야 할 것입니다.

식량안보 없이는
선진국으로 성장할 수 없습니다

불안한 국제 정세와 기후 위기는 국제 곡물가 폭등과 식량난을 가속화시키고 있습니다. 지금 우리는 식탁의 80%를 남에게 의존하고 있습니다. 무엇보다도 중요한 것은 식량안보는 국방안보 못지않게 중대한 과제라는 인식을 갖고 식량자급률 제고에 총력을 기울여야 할 것입니다. 농업의 중요성은 아무리 강조해도 과하지 않습니다. 유럽의 선진국들은 농업인을 '국토의 정원사'로 지칭합니다. 그들이 국토의 정원사인 농업인에게 보조금을 주면서 농업을 육성하는 이유를 본받아야 할 것입니다.

식용 곤충에 대한 단상

최근 식용 곤충에 대한 연구가 활발합니다. 이미 전 세계 19억여 명의 인구가 곤충을 식용으로 사용하고 있으며, 미국의 유명 과학잡지인 《포퓰러 사이언스》지는 2015년 가장 주목받는 트렌드 식품으로 식용 곤충과 곤충을 활용한 음료를 선정했습니다. 우리나라도 메뚜기와 번데기 외에도 갈색거저리와 흰점박이꽃무지 유충을 식품 원료로 인정하여 고소애와 꽃뱅이란 이름으로 유통하고 있습니다.

FAO는 식용 곤충을 미래 식량 자원이라고 발표했습니다

2013년 유엔 국제연합식량농업기구(FAO)는 부족한 식량을 해결하기 위한 대안으로 식용 곤충을 미래 식량 자원이라고 발표했습니다. 곤충이 미래 식량으로 언급되는 이유는 첫째, 세계 인구 증가와 경제 성장으로 곡물 수요는 증가하고 있으나, 기후 환경 변화와 불안한 국제 정

세로 곡물 생산량이 이에 미치지 못하기 때문입니다. 실제 국제 곡물 재고율은 20% 초반대로 수급 안정기인 30%를 크게 밑돌고 있습니다. 둘째, 기존 농업체계 특히 축산업이 온실가스의 주범으로 인식되기 때문입니다. 한 보고서에 의하면 가축 사양에서 방출하는 메탄가스가 전체 방출량의 18%에 이른다고 합니다.

곤충이 미래 식량 자원으로 관심을 받는 또 다른 이유는 곤충의 풍부한 영양학적 가치와 사육 기간이 짧고 연중 생산이 가능한 경제성 그리고 가축과 달리 온실가스를 배출하지 않는 환경적 가치입니다.

국제연합식량농업기구(FAO)에 따르면, 곤충은 쇠고기에 비해 단백질뿐만 아니라 미네랄, 비타민, 그리고 섬유질 함량이 높습니다. 더불어 포화지방보다 불포화 지방산 함량이 높은 음식으로 영양학적 가치가 매우 크다고 합니다. 뿐만 아니라 1kg의 단백질을 생산하기 위해 가축은 54kg의 사료가 필요하지만 곤충은 4kg에 불과하며, 소는 30개월을 사육해야 하나 곤충의 사육 기간은 2~3개월에 불과합니다. 더욱이 CO_2 방출량은 가축의 100의 1 수준에 불과하다고 합니다.*

곤충을 식량으로 대체하려면
식품으로서의 안정성에 대한 연구가 선행돼야 합니다

하지만 곤충을 미래 식량으로 대체하려면 식품에 대한 알레르기를 포함하여 곤충이 매개하는 바이러스나 각종 질병에 대해 면밀하게 연구하여야 할 것입니다. 가축에서도 광우병과 구제역, 조류 독감이 발생하여 혼란을 초래한 사례가 적지 않습니다. 현재의 추세라면 축산업은 붕괴하고 대신 곤충이 식탁을 담당할 날이 머지않았습니다. 곤충이 식탁을 채운 어느 날 예기치 않은 감염병이나 유해한 물질이 곤충에서 발견되었다고 가정해 봅시다. 이미 축산업은 붕괴되었으니 무엇으로 우리의 식탁을 대신할까요? 가축과 달리 제한된 면적에 집단 사육하는 곤충에서 감염병이나 유해한 물질이 발견되지 않는다고 장담할 수 없을 것입니다.

곤충산업은 인류의 미래와 직결돼 있지만, 현재의 국제 곡물 사정으로 볼 때 곤충산업이 시급한 사안은 아닙니다. 곤충이 갖는 장점도 많지만, 미지의 문제점을 사전 점검하는 것은 더욱 중요한 과제입니다. 가축이 온실가스 주범이라면 사료를 포함해서 사육 기술로 온실가스를 상당량 줄일 수 있을 것입니다. 이미 많은 기업과 학자들이 메탄가스 방출량을 줄일 수 있는 사료를 개발했다고 합니다. 곤충이 가축의 대체제가 아니라 축산업의 단점을 보완하는 산업으로 축산업과 공존하기를 기대해 봅니다.

---

* 〈식용곤충에 대한 생각을 긍정적으로 바꿔야 하는 이유〉, FAO한국협회, 2022.

우리나라 농업 기후 변화에 대응력 있나?

세계 곳곳이 기후 변화로 몸살을 앓고 있습니다. 지난해 극심한 가뭄에 시달리던 스페인은 최근 홍수로 수백 명의 인명피해를 입었습니다. 북미도 가뭄과 홍수가 반복하고 있으며, 서유럽과 중국 지역의 홍수, 50도를 넘는 인도의 고온, 곡창지대 브라질 아마존 유역의 100년 만의 가뭄 등 세계적인 기후 변화로 식량 생산이 차질을 빚고 있습니다. 심지어 고온과 잦은 홍수 등으로 토착 농작물조차 제대로 자라지 못해 수천 년간 우리의 식탁을 채워 주던 작물들이 위기를 맞고 있습니다. 이로 인해 물가가 오르는 기후 인플레이션이 지속되고 있습니다.

기후 변화는 히트플레이션을 초래하고 있습니다

기후 인플레이션은 이미 장바구니 물가를 주도하고 있습니다. 금사과, 금배추 사태는 대표적인 히트플레이션(Heat + inflation)의 사례입니다. 히트플레이션은 이미 지난해에 설탕값을 폭등시켰습니다. 금년에는 우리의 생활필수품인 커피 가격이 연초 대비 45%, 코코아는 66%(자료: aTFIS) 올랐으며, 스페인 지역의 가뭄으로 올리브유는 전년 대비 2배, 2021년보다는 3배로 폭등하였습니다.

'22년 러·우전쟁이 발생하자 국제 곡물 가격이 폭등한 적이 있습니다. 밀 수출국인 우크라이나의 밀 수출이 중단되었기 때문입니다. 지난해는 인도가 쌀 수출을 중단하자 국제 쌀값이 28% 이상 폭등하여 아프리카 국가들이 식량난에 시달렸습니다. 세계 식량위기 보고서(Global Report on Food Crises, GRFC)에 따르면 '23년 59개 국가와 지역에서 약 2억 8,200만 명이 심각한 식량 위기를 경험했으며, 이는 전년 대비 2,400만 명이 증가한 수치라고 합니다. 그 원인은 전쟁과 기후 변화를 지목하였습니다. 가뭄과 홍수 등 이상 기후는 세계 식량난을 더욱 고조시키고 있으며, 유엔 식량농업기구(FAO)도 식량 위기 재연 가능성을 거듭 경고하고 있습니다.

불안한 국제 정세는 애그플레이션을 유발할 수 있습니다

우리나라는 쌀을 제외한 곡물 자급률이 5% 수준에 불과하며, 세계 4위의 곡물 수입국으로 연간 1500여만 톤의 곡물을 수입하고 있습니다. 국제 곡물 가격 폭등은 바로 국내 물가에 영향을 미쳐 애그플레이션(agriculture + inflation)을 유발시킵니다. 더 심각한 문제는 미국과 아르헨티나, 캐나다, 호주, EU연합 등 몇몇 수출국이 세계 곡물 수출량의

2/3을 점유하고 있다는 데 있습니다. 이들 수출국이 재해가 발생하거나 곡물 수출을 제한할 경우 우리는 돈 주고도 식량을 구하기 어려울 수 있습니다.

실제 2008년 식량 수급이 불안한 조짐을 보이자 아르헨티나를 비롯해 우크라이나, 중국, 러시아, 카자흐스탄 등 수출국들의 수출 제한 조치로 국제 곡물 가격이 폭등했습니다. 뿐만 아니라 일본이 '93년 부족한 쌀을 수입하자 국제 쌀값이 70%나 폭등했으며, 필리핀은 '08년 평년보다 4배나 높은 가격에 쌀을 수입했습니다. 우리도 '80년 이상 저온으로 흉년이 들었을 때 국제 시세의 2.5배에 해당하는 가격에 그것도 무려 4년 동안 강제적으로 쌀을 수입한 뼈아픈 기억이 있습니다.

식량 수출 국가는 6개국에 불과하지만, 식량이 부족한 국가는 130여 국가에 이릅니다

식량 산업은 생산과 수요의 불균형이 심각하다는 특징이 있습니다. 식량이 남아 수출하는 국가는 미국, 브라질 등 6개국에 불과하지만, 식량이 부족한 국가는 130여 개에 달합니다. 글로벌 수요는 365일 지속하는 데 비해 곡물 수확 시기는 북반구 8~10월, 남반구 2~4월로 제한되어 수요·공급 불균형이 자주 발생합니다. 이에 이상 기후로 인한 수확량 저하 혹은 지정학적 분쟁은 생산국의 공급·유통상 문제로 직결되기에 곡물 가격 변동성은 클 수밖에 없습니다.*

우리나라는 원조를 받던 나라 중에서 유일하게 개발도상국을 돕는 경제 대국으로 성장하였지만, 식량주권을 회복하지 못하면 기울어진 성취에 불과할 것입니다. 식량 수입이 막혔을 때 쌀 대신 반도체를 씹고 살 수는 없기 때문입니다. 흔히들 위기는 기회라고 합니다. 기후 위기를 기회로 바꿀 수 있는 선제적 대응이 절실합니다.

무엇보다도 작금의 기후 변화는 일시적인 현상이 아니라 지속적으로 확산되고 있으며, 이미 한반도는 아열대 기후대로 변하고 있습니다. 고온·다습에 강한 작목을 도입하거나 개발해야 할 것입니다. 또한 생산한 곡물을 안정적이고 장기적으로 저장할 수 있는 저장시설을 확충해야 하며, 단경기 생산이 가능한 소규모 농가와 도시농업이 활성화되도록 지원을 해야 할 것입니다. 나아가 부족한 식량의 안정적인 수입을 위해 해외 곡물 생산기지를 조성하고, 곡물 수입선의 다변화와 안정적인 수입처 확대, 비상시를 대비한 적정 비축량 확보 등 국민 생존과 직결되는 식량안보 해결을 위한 종합적인 대책이 강구되어야 할 것입니다. 뿐만 아니라 우리 모두 농업의 소중함을 깨닫고 열악한 환경에서 묵묵히 식량을 생산하는 농업인을 응원하고 지원해야 할 것입니다. 급변하는 기후 환경과 국제 정세 속에서 우리 농업이 식량안보를 지킬 수 있는 기회가 되기를 기대해 봅니다.

* 〈韓, 주요 곡물 90% 수입 의존… '식량' 국가안보 과제로 다뤄야〉, 이투데이, 2024. 8. 27.

유전자 변형 식품(GMO)에 대한 단상

　유전자 변형 작물은 생산량을 증가시키거나 품질을 좋게 하기 위하여 농작물의 유전자를 조작하여 생산한 농산물이나 식품을 말합니다. 흔히 'GMO'(Genetically Modified Organism) 또는 '유전자 변형 식품', '유전자 변형 농산물'이라고 합니다. 2020년 기준 전 세계 GMO 작물의 재배 면적은 한반도 면적의 열 배에 가까운 1억 9천만 ha에 이릅니다. 29개 국가에서 GMO 작물을 재배하고 있으며 42개국이 수입하고 있습니다. 세계 4대 곡물 수출국인 미국, 캐나다, 브라질, 아르헨티나에서 재배되는 옥수수와 콩은 90% 이상이 GMO작물입니다. 또한 전 세계에서 유통되는 GMO 종자 시장은 220억 달러로 세계 종자 시장 규모 500억 달러의 절반에 가깝습니다. 2001년에 GMO 작물의 수입이 허용된 우리나라는 '20년 11,973천 톤을 수입하여 일본에 이어 세계 2위의 GMO 작물 수입국입니다. 이미 우리는 알게 모르게 직간접적으로 GMO식품을 먹고 있습니다.

GMO 식품의 문제점은 안정성뿐만 아니라
제초제 과다 사용입니다

GMO 작물의 안전과 유해성 논란은 지난 1996년 GMO 작물이 상업화된 후 전 세계에서 지속되고 있습니다. 유해성 논란의 배경은 제초제와 해충에 강한 유전자를 도입하기 위해 동물성 단백질(토양세균인 아그로박테리움)을 백터로 활용한 데 있습니다. 제가 우려하는 것은 GMO의 식품으로서의 직접적인 유해성은 차지하더라도 GMO 작물 재배 과정에서 초래하는 문제점입니다.

첫째, 제초제 과다 사용에 따른 피해입니다. 작물 체내 제초제 성분의 잔류, 토양 생태계 파괴, 농가의 생산비 증가 문제입니다. GMO 작물은 제초제 Roundup(glufosinate-일명 고엽제)에 아무런 지장 없이 정상적으로 자라기 때문에 농가들은 기존 재배 품종에 비해 더 많은 제초제를 사용합니다. 한 보고서에 따르면 GMO 작물 재배에서 제초제 판매량이 5배까지 늘었다는 보고도 있습니다. 이로 인한 식품의 농약 잔류 문제는 현실화 되고 있으며, 실제 시판되는 GMO 대두에서 대량의 글리포세인트가 함유돼 문제가 되었습니다. 뿐만이 아닙니다. 어느 생명이든 내성이 생기게 마련인데, 과다한 농약에 내성이 생긴 잡초가 초래할 문제입니다. 실제 2011년 미국에서 하루에 10cm씩 자라는 슈퍼 잡초가 발생하여 큰 피해를 입었습니다.

GMO 식품의 또 다른 우려
재배 작물의 다양성 상실입니다

둘째는 재배 작물의 다양성 상실입니다. 현재 목화와 콩의 80%가 GMO 품종이고 옥수수는 48%, 유채는 30%가 GMO 품종입니다. 재배되는 상업용 작물의 품종 수는 100년 전에 비해 4%에 불과합니다.

GMO 작물 개발로 수천 년 동안 재배돼 온 다양한 품종이 소리 없이 사라지고 있습니다. 기후 온난화 등 급속한 환경 변화에 대응할 수 있는 소중한 유전자원이 소실되고 있는 것입니다. 기존 재배 품종은 수천 년 동안 자연환경에서 살아남은 환경적응성이 비교적 강한 품종들이며, 지역에 따라 서로 다른 품종이 재배되기 때문에 예기치 않은 환경에서도 피해를 최소화할 수 있지만, 다양성을 상실한 GMO 품종은 '80년대 저온 피해를 입은 통일벼처럼 예기치 않은 환경에 무방비한 상태입니다.

GMO 식품의 또 다른 우려는
재배 농가가 종자기업에 종속된다는 것입니다

셋째, 재배 농가가 거대 종자 기업에 종속된다는 점입니다. 거대 종자기업은 종자와 농약을 세트로 판매하고 있습니다. 재배 농가가 A사의 종자를 구입하면 A사의 제초제를 사야 합니다. 선택의 자유가 없습니다. 더 비싼 가격에 종자와 농약을 구입하는 것은 물론 심지어 재배 면적조차도 제한받을 수 있습니다. 종자 선택은 물론 식량주권까지 거대 종자 기업에 내맡기는 꼴입니다.

유럽연합이 아직도 GMO 작물 수입을 허락하지 않는 이유를 우리는 깨달아야 합니다. 이미 일상화된 GMO 작물의 수입을 되돌릴 수 없겠지만, 최근 유전자가위 기술(CRISPR 유전자가위)의 발달로 합성 식물의 탄생이 눈앞으로 다가왔습니다. 이러한 기술은 딸기 맛을 내는 사과를 만들 수도 있고, 딸기도 사과도 아닌 괴물 과일도 만들 수 있을 것입니다. 심지어 인간의 수정란이나 배아의 유전자를 조작해 '맞춤형 인간'을 출생시킬 수도 있을 것입니다. 그럼에도 불구하고 합성생명기술을 주도하는 기업들은 유전자 가위는 GMO처럼 외부 유전자를 주입하는 것이 아니라 해당 세포가 갖고 있던 특정 유전자를 잘라내 염기 서열 일부를 바꾸는 기술이므로 돌연변이 위험이 적다며 유전자가위 기술에 대한 규제를 완화해야 한다고 주장하고 있습니다.

인류가 합성 플라스틱 제품을 사용한 지 150년이 지났지만, 이제 서야 미세플라스틱이 생태계와 인류에게 심각한 위협이라는 것이 밝혀지고 있습니다. GMO 작물이 지금까지 큰 부작용이 나타나지 않았다고 해서, 또 유전자가위 기술은 외부 유전자를 도입하지 않기 때문에 안전할 것이라고 해서 앞으로도 안전하다고 보장할 수는 없습니다. 관련 산업을 육성하는 것도 중요하지만, 안전성에 대한 검토가 우선돼야 합니다. 수천 년 이어온 지구 생태계를 보호하고 인류가 안전하게 살아가는 환경을 만드는 것은 우리 모두의 소임이기 때문입니다.

농업의 가치

밥 한 공기 쌀값은 300원, 껍값만 더 못합니다

수천 년간 우리의 삶을 지탱해 준 것은 주곡인 쌀입니다. 쌀의 가치가 농업의 가치라 해도 과언이 아닙니다. 지난해 국민 1인당 쌀 소비량은 56.4kg이었습니다. 이를 돈으로 환산하면 122천 원입니다. 지난 9월 말 기준 쌀값은 80kg에 173천 원입니다. 이를 기준할 때 국민 1인당 연간 쌀값으로 지불하는 금액은 122천 원, 월별 1만 원이고, 밥 한 공기 값은 300원으로 소위 식후 입냄새를 없애기 위해 씹는 껌값만 더 못한 실정입니다.

한강의 기적이라 할 만큼 비약적인 경제발전으로 세계 10위권의 경제 대국으로 성장하였지만, 지금처럼 배불리 먹은 적은 불과 30~40년도 채 되지 않습니다. 60년대만 해도 미국의 원조로 부족한 식량을 해결했습니다. 우리 조상들은 보리를 수확할 5~6월이면 지난가을에 수확한 쌀이 떨어져 보릿고개라는 춘궁기를 겪어야 했습니다. 지금도 전 세계적으로 7억 3천만 명에 가까운 인류가 식량 부족으로 어려움을 겪고 있으며 하루에 2만여 명이 죽어가고 있다고 합니다. 문제는 우리나라는 쌀을 제외한 대부분의 곡류를 수입에 의존하고 있다는 데 있습니다. 우리나라의 최근 3개년 평균 곡물자급률은 19.5%에 불과하며, 연간 1,500만 톤이 넘는 곡물을 수입하는 미국, 중국, 독일에 이어 세계 4대 곡물 수입국입니다.

'80년 저온피해로 쌀생산량이 급감하여 쌀을 수입한 적이 있습니다. 그 당시 우리는 국제 시세보다 2.5배나 비싼 가격에 그것도 무려 4년 동안 강제적으로 쌀을 수입하였습니다. 남의 손에 우리의 식탁을 의존하고 있는 현실에서 식량안보의 소중함을 깨닫게 하는 뼈아픈 기억입니다. 최근 유엔식량농업기구(FAO)는 국제 곡물 파동을 경고하고 있습니다. 기후 환

경 변화와 불안한 국제 정세는 가뜩이나 불안한 국제 곡물 시장을 더욱 자극하고 있는 것입니다.

농민은 세상 인류의 생명 창고를 그 손에 쥐고 있습니다

"사람이 먹고사는 식량품을 비롯해 의복, 집의 재료는 말할 것도 없고 상업과 공업의 원료까지 하나도 농업 생산에 기대지 않는 것이 없느니만큼 농민은 세상 인류의 생명 창고를 그 손에 잡고 있습니다." 매헌 윤봉길 의사가 쓴 《농민독본》의 글입니다. 농업은 우리의 식탁뿐만이 아니라 2차 산업과 3차 산업의 기본이 되는 산업입니다. 심지어 생명 유지와 건강에 관련된 의약품도 기초 원료는 대부분 농업에서 나옵니다. 산업 구조가 바뀐다 해도 농업의 중요성은 전혀 변함이 없습니다.

사실 농업은 가장 오래된 직업이자 인류 생명에서 없어서는 안 될 가장 소중한 산업입니다. 안정적인 식량 공급은 물론, 국토환경과 자연경관의 보전, 산소 생산과 탄소 저장, 장마철 토양 유실과 홍수 방지 및 수자원 저장, 생태계 보전, 고유한 전통과 문화 보전 등 농업의 가치는 이루 헤아릴 수가 없습니다. 2009년 농촌진흥청의 연구 결과 농업의 이러한 기능을 화폐 가치로 환산하면 연간 161조 9,820억 원에 달한다고 하였습니다. 현재의 가치로 환산하면 수백조 원에 달할 것입니다.

식량 자급 없이는 중진국이 선진국이 될 수 없습니다

일찍이 노벨 수상자 사이먼 쿠즈네츠 교수는 "식량 자급 없이는 중진국이 선진국으로 진입할 수 없다"고 하였습니다. 최근 전 세계의 지도자와 투자자들도 농업의 소중함을 강조하고 있습니다. 빌 게이츠는 "지금은 농업혁명이 절대적으로 중요한 시대이며, 만일 농업 혁신이 없다면 앞으로 지구촌에 엄청난 문제를 야기하게 될 것"이라고 지적하였고. 투자의 귀재라고 불리는 미국의 짐 로저스는 "다음 30년은 농부의 시대가 될 것이다. 농업 분야와 곡물에 투자하라."고 권하고 있습니다. 하지만 우리는 그동안 농산물을 수입하는 것이 경제적으로 이익이라는 논리에 취해 농업의 소중함을 간과하고 살아왔습니다. 지금부터라도 농업의 가치를 깨닫고 최소한이라도 먹고사는 식량만은 남의 손에 맡기지 않도록 농업을 육성해야 할 것입니다.

100여 년 전 윤봉길 의사는 "농민은 세상 인류의 생명 창고를 그 손에 잡고 있다."고 농업과 농민의 소중함을 일깨워 주었습니다. 우리 농업이 국민의 식탁을 안전하게 책임질 수 있는 농업 선진국으로 발전하도록 하는 것은 국가의 책임이기도 하지만, 국민 모두가 농업의 가치와 소중함을 깨닫는 것입니다. 우리 농업이 더욱 성장하여 식량안보를 지키고 식량주권을 회복하는 데 기여하기를 간절히 기대해 봅니다.

2장

여름, 개화·성숙

식물아! 너는 왜 꽃을 피우니?

갓 지은 하얀 쌀밥처럼 하얀 꽃송이가 눈부시게 아름답습니다. 도로 가장자리에 줄지어 선 이팝나무 꽃이 도로를 하얗게 물들였습니다. 시샘이라도 하듯이 흩날리는 봄바람에 하늘하늘 날리는 흰 꽃잎이 발길을 멈추게 합니다. 어떻게 저리도 아름다울 수 있을까? 환호성이 저절로 납니다. 이팝나무 꽃을 보노라면 김이 모락모락 나는 하얀 쌀밥이 생각납니다. 꽃이 아름다운 것은 벌과 나비도 마찬가진가 봅니다. 벌과 나비는 아예 꽃밭에서 잔치를 벌이고 있습니다.

식물은 춘화처리라는 과정을 거쳐야
아름다운 꽃을 피울 수 있습니다

식물이 아름다운 꽃을 피우는 이유는 결실을 얻기 위해서입니다. 아름다운 자태로 벌과 나비를 불러들여 새로운 씨앗을 잉태시킵니다. 하지만 식물이 아름다운 꽃을 피우기 위해서는 혹독한 과정을 거쳐야 합

니다. 봄의 전령사 매화가 꽃을 피우기 위해서 매서운 겨울 한파를 견뎌냅니다. 매화는 그 추위를 마다하지 않습니다. 추위 속에서 휴면을 타파하는 춘화처리라는 과정을 거쳐야 드디어 아름다운 꽃을 피울 수 있는 것입니다.

생명이 움트는 봄을 맞아 우리는 어떤 꽃을 피울 것인가? 무슨 결실을 얻기를 원하는가? 부자가 되고 싶고, 명예도 얻고, 크게 성공하여 유명인이 되고 싶은 욕망은 누구나 꿈꾸는 것입니다. 매화가 봄소식을 알리기 위해 한파를 겪어야 하듯이 우리도 성공하기 위해 나아가는 과정에서 부딪히는 난관을 견뎌야 합니다. 진정한 승자는 그 난관을 극복하는 과정을 즐기는 사람입니다. 에디슨은 필라멘트를 찾기 위해 수천 번의 실패를 경험했습니다. 그 과정에서 에디슨은 실패한 것이 아니라 이렇게 하면 안 된다는 것을 찾았다고 하였습니다. 실패는 성공의 어머니라는 것을 에디슨은 전하고 있습니다.

정주영 회장의 도전 정신이
천수만의 조수간만을 극복하고 공사비를 절약한
유조선 공법이라는 새로운 역사를 만들었습니다

한강의 기적을 주도한 사람을 꼽으라고 한다면 저는 당연히 현대의 고 정주영 회장을 꼽을 것입니다. 그분의 창의적인 불굴의 도전 정신은 과히 금메달감입니다. 서산 간척지 사업에서 마지막 물막이 공사가 난관에 부딪혔습니다. 천수만은 조수 간만의 차가 너무 커 돌과 흙을 쉴 새 없이 쏟아부어도 무용지물이었습니다. 이쯤이면 누구나 포기할 만하지만 정주영 회장은 아무리 해도 진척이 없다고 말하는 현장 소장에게 거제에 있는 폐유조선을 끌어다 막아보라고 독창적인 아이디어를 제시하였습니다. 폐유조선으로 거센 파도와 조수간만 차를 막자 그렇게 힘들었던 물막이 공사가 해결되었습니다. 고 정주영 회장의 도전 정신이 천수만의 거센 조수 간만 차를 극복하고 수백억 원의 공사비를 절약한 유조선 공법이라는 새로운 역사를 만들었습니다.

천재는 노력하는 사람을 이길 수 없고
노력하는 사람은 즐기는 사람을 이길 수 없습니다

　마디가 없다면 대나무도 자랄 수 없을 것입니다. 마디 덕분에 대나무는 비바람에도 끄떡 없이 곧게 자랄 수 있습니다. 성공하려면 불굴의 의지와 지혜가 필요합니다. 더 중요한 것은 매 순간을 즐기는 것입니다. "천재는 노력하는 사람을 이길 수 없고, 노력하는 사람은 즐기는 사람을 이길 수 없다."는 말처럼 즐겁게 일하는 사람은 지치지 않고 일할 수 있으며, 더욱 몰입할 수 있기에 성공할 수 있습니다. 산을 오르는 길은 누구나 힘이 듭니다. 하지만 산 정상에 올랐을 때 기쁨과 가치를 알기에 우리는 땀 흘리며 산을 오릅니다. 매화는 꽃을 피우기 위해 한파를 견뎌야 하고 소쩍새는 짝을 찾기 위해 구슬프게 웁니다. 우리는 자신만의 고유의 결실을 위해 오늘도 비지땀을 마다하지 않습니다. 오늘 흘린 땀은 머지않아서 아름다운 꽃을 피우고 탐스런 결실을 가져올 것입니다.

식물의 잉태와 결실

가을은 결실의 계절입니다. 화창한 날씨에 하얀 뭉게구름이 하늘을 수놓은 듯 아름다운 계절입니다. 어느 시인이 5월은 계절의 여왕이고 10월은 계절의 황제라 했습니다. 가을이 계절의 황제가 된 것은 아름다움에 더해 오곡백과가 풍성한 결실의 계절이기 때문이라고 생각해 봅니다.

결실은 식물이 꽃을 피우고
한여름 더위를 이겨 낸 신비의 결과입니다

식물은 벌과 나비가 활동하기 좋은 계절에 맞춰 아름답고 향긋한 향기로 벌과 나비를 초청합니다. 결실의 시작은 꽃을 피우고 벌과 나비를 초청하여 수정을 시키는 일에서 시작합니다. 식물은 탐스런 꽃가루를 사방에 배치하여 벌과 나비가 먼저 꽃가루(수술)를 탐닉하도록 합니다. 꽃가루에 취한 벌과 나비가 꿀을 찾도록 벌과 나비의 침샘 길이만 큰 깊은 위치에 암술(꿀샘)을 배치합니다. 식물은 벌과 나비가 꽃가루와 꿀을 충분히 가져갈 수 있도록 아름답고 화려한 꽃을 피운 후에 벌과 나비를 불러들입니다.

암꽃과 수꽃의 만남은 결실의 첫걸음입니다. 암술과 수술의 만남에는 산천초목 온갖 벌과 나비가 하객으로 초대되어 축하를 합니다. 벌과 나비의 축하를 충분히 받지 못한 꽃은 온전한 생명체로 자랄 수 없습니다. 꽃과 벌이 완전히 일치되지 않으면 수정이 되지 않아 꽃이 떨어지게 되고, 설혹 수정이 되었다 하더라도 자라는 도중에 곡식이 떨어져 생명을 잃거나 생명을 유지하더라도 온전하지 못한 기형으로 자랍니다.

식물은 벌과 나비의 충분한 축복을 받기 위해 최대한 화려하고 향긋한 꽃을 피웁니다. 장마철이나 한밤중에 꽃을 피우지 않고 화사한 봄날 아침 햇살에 벌과 나비가 좋아하는 시기에 향긋한 꽃을 피우는 것은 경이

로운 식물의 지혜입니다. 지혜로운 것은 식물뿐만이 아닙니다. 향기로
운 꽃의 초대를 받은 벌은 곧장 동료에게 달려가 8자 춤을 추면서 꽃의

정체를 동료에게 알려 줍니다. 8자 춤의 각도와 길이로 꽃의 방향과 거리, 꿀의 품질에 대한 정보를 제공합니다. 꿀벌은 혼자서 맛난 꿀을 차지하는 것이 아니라 동료와 함께 꿀을 모으기 위해 협력합니다.

수정이 끝난 식물은 새로운 열정으로 모험을 합니다. 결실의 크기는 식물의 열정과 비례한다고 해도 과언이 아닙니다. 식물의 열정이 잉태한 생명체의 크기와 모양 성질까지 결정합니다. 삼복더위가 싫다고 잎을 펴지 않는다면 잉태된 씨앗도 자라지 못합니다. 잉태된 생명체를 온전히 키우기 위해 더위와 비바람을 담담하게 받아들입니다. 삼복더위는 잉태한 생명에게 충분한 영양을 공급해 줍니다. 비바람조차 오히려 필요한 양분과 햇볕을 아랫잎까지 골고루 충분하게 받을 수 있는 기회로 삼습니다.

경이로운 신비는 새로운 생명을 위해
암꽃과 수꽃의 생식세포가 절반으로 쪼개지는 것입니다

생명의 신비는 이뿐이 아닙니다. 경이로운 신비는 새로운 생명을 위해 암꽃과 수꽃의 생식세포가 절반으로 쪼개지는 것입니다. 바로 감수분열을 통해 2n의 염색체는 반수체(n)로 나눠집니다. 감수분열 덕분에 암꽃의 n개 염색체와 수꽃의 n개 염색체가 만나서 2n 상태의 온전한 생명체를 잉태시킬 수 있는 것입니다. 감수분열이 없다면 암꽃(2n)과 수꽃(2n)이 만나서 4배체(4n)를 만들기 때문에 종족을 보존할 수 없게 됩니다. 다른 세포와 달리 생식세포에서만 감수분열이 일어난다는 것은 경이로운 신비입니다. 더욱 경이로운 사실은 이 작고도 작은 하나의 수정란이 다세포로 분화되어 온전한 생명체로 성장하는 것입니다. 그 어떤 과학으로도 흉내 낼 수도 없는 신비일 뿐입니다. 이 작은 곡식 한 알도 하나의 수정란에서 시작한 신비의 결정체입니다.

대자연의 질서는 참으로 오묘합니다. 최근의 기후 변화는 오묘한 신비를 의심케 하고 있습니다. 대자연의 질서를 우리가 훼손하고 있지는 않는지 되돌아봐야 합니다. 자연은 수많은 신비로움으로 인간에게 먹을 것을 주고 삶을 영위하게 해 주고 있습니다. 자연 속에서 자연과 함께 공생하려는 노력이 더욱 절실합니다. 자연은 신비의 세계입니다. 자연과 생명의 신비를 깨닫는다면 우리의 삶은 더욱 겸허해지고 풍요로워질 것입니다. 이 아름다운 결실의 계절에 생명의 신비를 새삼 느껴 봅니다. 올해도 우리에게 풍성한 결실을 주시는 창조주께 감사드립니다.

협동조합에 대한 단상

　농업협동조합은 '61년 (구)농협과 농업은행이 통합하면서 종합농협으로 탄생하였습니다. 현재의 지역농협은 당초 리동 단위의 이동조합으로 시작하여 '69년부터 면 단위의 단위 농협으로 합병되어 오늘에 이르게 되었으며, 농협중앙회는 그동안 몇 차례의 수술이 있었습니다. 현재의 농협중앙회와 2지주(농협경제지주와 농협금융지주) 체제는 2012년 정부와 농업인 단체가 주축이 되어 개편한 조직입니다. 농협 역사에서 가장 큰 변화는 '80년대 민주화 바람을 타고 도입된 조합장 직접선거('89년)와 중앙회장 직접선거제('90년), 그리고 중앙회의 조직 개편(2012년)이라 할 수 있습니다.

　지난 6~7월(6.13~7.26일)에 농축협 조합원 7,500여 명을 대상으로 실시한 '2024년 조합원의 농·축협 사업에 대한 인식조사' 결과에 따르면 농·축협 사업에 만족한다는 응답자가 94.8%(100점 기준시 86.3점)으로 나타났습니다. 문제점으로는 낮은 농업소득과 인력 부족으로 인한 영농 활동의 어려움으로 조사 되었으며, 농·축협이 농업인을 위한 농협으로 변화하기 위해 가장 중요한 역할로는 '농축산물 판로 확대'와 '농업경영비 절감'을, 국민에게 사랑받기 위해서는 '농축산물 가격 안정'과 '유통사업 경쟁력 강화'가 필요하다고 지적하였습니다.

그동안 몇 차례의 유사한 농협에 대한 인식 조사에서 평가가 그리 좋지 않았지만, 이번 조사 결과 기대보다 좋은 평가를 얻었습니다. 한동안 농업인의 적이라고 외면받아 오던 시절을 생각하면 고무적인 현상입니다. 이러한 결과는 조합장 직선제 이후 조합원을 위한 사업을 추진한 결과로 여겨집니다.

농업인의 낮은 소득과 인력 부족에 대해 협동조합의 역할은?

이번 조사에서 나타난 문제점과 보완해야 할 부분에 대해서 살펴보고자 합니다. 우선 문제점으로 지적된 농업인의 낮은 소득과 인력 부족에 대해 협동조합의 역할은 무엇인가? 가난은 나라님도 해결하지 못한다고 하지만, 180년 전 영국의 노동자들은 하루 15시간 가까이 노동을 하고서도 받은 품삯으로는 주린 배를 채우기조차도 힘든 삶이었습니다. 생필품이라도 저렴하게 구입하고자 28명의 노동자들이 1파운드씩 모아서 구매협동조합을 만들면서 민생고를 해결했습니다. 최근 수도권의 한 농협은 로컬 푸드 사업을 도입하여 연간 1천억 원의 수익을 조합원에게 돌려주었고, 또 다른 농협은 벼농사 대신 소득이 높은 수박과 부추 재배를 권장하여 조합원 소득을 향상시켰습니다. 조합장의 역량

에 따라 소득 증가도 충분히 가능한 것입니다.

　농촌의 영농 인력 부족 현상은 농가 고령화로 갈수록 심화되고 있습니다. 우리 선조들은 바쁜 일손을 품앗이로 해결한 민족입니다. 작목에 따라 또 지역에 따라 농번기가 다르므로 협동조합끼리 연대하여 영농지원협동조합을 구성하거나, 외국인 노동자를 활용한 인력풀제 조성, 또는 조합원 간의 협력과 자원봉사를 통해 영농 일손을 확보하는

다각적인 노력을 강구해야 할 것입니다.

농축산물의 판로 확대와
농업경영비 절감에 대한 농협의 역할은?

둘째, 농·축협이 농업인을 위한 농협으로 변화하기 위해 가장 중요한 역할로 지적한 '농축산물 판로 확대'와 '농업경영비 절감' 부분입니다. 농축산물 판로 확대는 생산자 조합인 농협의 고유 역할입니다. 강원도 산간지의 한 농협은 조합원이 생산한 오이를 제값 받도록 하기 위해 공동출하회를 조직하여 바이어들이 찾아오도록 만들었고, 경북의 한 농협도 배를 공동 출하하여 바이어를 불러들이고 수출시장을 개척하였습니다. 조합장의 의지만 있으면 가능한 일입니다. 하지만 그동안 많은 농협들이 조합원이 생산한 농산물을 수거하여 시장으로 전달하는 기능에만 익숙했지, 실제 마케팅 활동은 충분하지 않았습니다. 농축산물 판로 개척을 위해 생산자 농협은 대도시 소비지 농협과 연대하거나, 소비시장을 직접 개척하는 적극적인 판촉 활동을 기대해 봅니다.

농업경영비 절감 또한 180년 전 영국의 로치데일에서 노동자들이 생필품을 저렴하게 구입하기 위해 협동조합을 만든 것처럼 협동조합끼리 연대하여 구매력을 키우면 충분히 농업경영비를 절감할 수 있을 것입니다. 200만 명의 조합원이 있음에도 그 기능을 살리지 못한 현 농협경제지주 자재부의 기능은 시급히 제고 해야 할 것입니다.

국민에게 사랑받기 위한 농협의 역할은?

셋째, 국민에게 사랑받기 위한 농협의 역할로 지적된 '농축산물 가격 안정'과 '유통사업 경쟁력 강화' 부분입니다. 농협은 조합원에게는 수익을, 소비자에게는 저렴하고 안정된 농산물을 공급해야 하는 어려운 사업체입니다. 국내 농산물은 산지에서 소비자까지 5~7개의 유통채널을 거치는 반면 농협은 농산물 유통채널을 단순하게 할 수 있으므로 충분히 조합원에게도 소비자에게도 윈윈할 수 있습니다. 그동안 농협 하나로 마트가 그 기능을 해 왔지만, 민간 유통업체가 산지 직거래를 하면서 농협의 경쟁력이 상실되었습니다. 농협의 경쟁력 확보는 산지 농협의 역량에 달려 있습니다. 다변화·다양화 된 시장에서 어떻게 살아남느냐는 오로지 시장을 예측하고 판단하는 역량을 키워야 할 것입니다. 경제 업무를 맡은 직원들이 신용업무를 담당하는 직원보다 승진에서 불리한 인사 제도가 사라지는 것이 유통 경쟁력을 확보하는 시작일 것입니다.

결국 인사가 만사인 것입니다. 능력 있는 조합장을 선출하고 그 리더십을 중심으로 문제점을 헤쳐 나가야 합니다. 조합원이 대우받고 국민으로부터 사랑받는 농협을 만드는 것은 훌륭한 조합장을 선출하는 일과 조합장이 제 역할을 할 수 있도록 전 조합원이 한마음으로 협력하는 길입니다.

통계로 본 북한 농업

90년대 초 한 종교단체에서 북한에 우리나라 종자를 지원하였다가 북한의 협동농장으로부터 쓸모없는 종자를 보냈다며 항의를 들었다고 합니다. 확인해 보니 총각무 일종인 초롱무 종자였습니다. 북한에서 초롱무를 김장무로 알고 김장을 하려고 무를 뽑아보니 이미 수확기가 지난 총각무는 뿌리가 터지고 썩고 먹을 수가 없었던 것입니다. 그 당시 북한에는 총각무라는 종자를 몰랐기에 빚은 헤프닝이었습니다. 북한은 김장무 등 다양한 종자가 개발되지 않았기 때문입니다.

북한은 김일성과 김정일, 김정은 3대에 걸쳐 식량 자급자족을 외쳐왔지만 여전히 식량 생산량이 원활하지 못합니다. 특히 지난 90년대 수백만 명이 굶어 죽은 고난의 행군이라고 하는 혹독한 기아의 시절을 겪은 탓에 식량 증산과 자급자족이 북한 농업의 최대 관심사입니다. 김정은 정권 들어 북한의 식량 사정이 개선되었다고 전해지고 있는 상황에서 북한 농업의 사정을 통계로 살펴보았습니다.

북한의 농가 인구는 1965년 4,999천명(농가 인구 비중 40.8%)에서

2021년 9,695천명(농가 인구 비중 37.4%)으로 반세기가 훨씬 지난 동

안에 농가 인구는 1.9배 증가하였으며, 농가 인구 비중은 40.8%에서

37.4%로 소폭 줄었습니다. 여전히 농업이 국가 경제의 많은 비중을 차지하고 있습니다.*

곡물생산량은 고난의 행군 시절인 '95년도 345만 톤에서 '23년 482만 톤(농촌진흥청 자료)으로 최근 곡물생산량이 크게 증가하였으나, 북한의 최소 소요량 600여만 톤에는 크게 모자라는 실정입니다. 특히 쌀 생산량은 '23년 211만 톤(KREI 자료)으로 쌀 생산량이 급감했던 2019년도의 136만 톤(미국 농무부 산하 경제조사서비스(ERS) '8월 쌀 전망 보고서(Rice Outlook: August 2019)')보다는 크게 개선되었으나, 211만 톤은 북한 주민 1인당 연간 80kg 수준에 불과한 실정입니다. '23년 ha당 쌀 생산량은 4.2톤(211만 톤 / 502천 ha)으로 대한민국의 생산량 5.2톤/ha의 80% 수준에 불과합니다. 곡물 중에서는 옥수수 생산량이 230만 톤(2023년)으로 쌀보다도 생산량이 많았습니다. 아직도 식량의 상당 부분을 옥수수에 의존하고 있는 것으로 짐작할 수 있습니다.

소 사육 두수는 1996년 615천 두에서 '22년 569두로, 돼지는 같은 기간에 2,674천 두에서 2,413천 두로 감소하였으며, 닭도 같은 기간 8,871천 마리에 5,810천 마리로 곡물 소비가 많은 가축은 사육 두수가 오히려 준 반면, 들녘의 잡풀로 사육이 가능한 토끼는 같은 기간에 3백만 마리에서 31백만 마리로 10배, 염소는 70만 마리에서 400만 마리로 5.5배 증가하였습니다.

대 중국 곡물 수입량은 2015년 48천 톤(24,608천 달러)에서 '23년 10말 현재 254천 톤(113,013천 달러)으로 크게 늘었지만, 수요량 보다 부족한 양으로 추정되는 100여만 톤에는 크게 모자랍니다. 그럼에도 불구하고 실제 장마당에서 거래되는 쌀과 밀가루 가격이 예년보다 안정된 것으로 볼 때 비공식 수입량이 상당량에 이를 것으로 짐작이 됩니다.(북한 농업동향. KREI)

주민 1인당 식량 공급량은 1,982kcal(2021년)로 대한민국의 3,398kcal의 58.3% 수준에 불과하며, 이는 방글라데시 2,614kcal나 아프가니스탄 2,198kcal보다도 낮은 수준입니다. 특히 단백질 공급량은 턱없이 부족한 실정이라고 전해지고 있습니다.

북한은 연간 최소 100만 톤 정도의 식량이 부족한 만성적인 식량난에 시달리고 있습니다

김정은 집권 후 식량 문제를 해결하기 위해 분조관리제 안에서 어느 정도 경작자의 자율권을 인정하는 포전담당책임제를 도입하는 농업관리정책을 시행하여 생산량이 다소 개선되었으나, 김정은 집권 후에도 연간 곡물생산량은 440만 톤에서 482만 톤에 머물러 연간 최소 100만 톤 정도의 식량이 부족한 만성적인 식량난에 시달리고 있습니다. 유엔

산하 식량농업기구(FAO)도 북한의 식량난은 지금도 진행형이라고 보도 하였습니다.(《중앙일보》 2023.7.14.)

민주평화통일자문회의에서 북한이 만성적인 식량난을 해결하지 못 하는 이유를 쳇 지피티에게 얻은 답변을 인용해봅니다.

1. (경제우선순위) 북한 정부는 군사 무기 및 핵무기 개발에 우선순위를 두고 있기 때문에 식량 문제에 충분한 자원과 관심을 기울일 수 없다.

2. (자급자족 철학) 외부의 도움을 받지 않고 자체적으로 모든 것을 생산 하고 해결하려다 보니 외부의 지원에 거부감이 있을 수 있다.

3. (자원배분의 불균형) 북한 정권은 중앙집권적인 경제 체제이며, 자원 배분도 중앙집권체제이다. 이로 인해 지방의 농업 부분에 충분한 자원과 자율성이 부족할 수 있으며 효율적인 식량 생산과 분배가 어려울 수 있다.

4. (체제의 폐쇄성) 북한의 폐쇄적인 정치 체제가 외부의 도움이나 협력이 제한되며, 식량난 문제에 대한 국제적인 지원과 협력에 장벽이 될 수 있다.

5. (자연재해와 기후 변화) 가뭄, 홍수, 폭염 등 자연재해의 빈발 및 규모 증가는 식량생산에 지장을 줄 수 있으며, 이로 인해 식량난이 심화 될 수 있다.

Chat-GPT도 북한의 식량난은 해결이 어렵다고 답변하였습니다. 북 한의 만성적인 식량난 원인은 사회주의적 협동 생산과 분배 시스템의 모순뿐만 아니라 정책의 잦은 변경과 자연재해, 비료, 종자 등 자원 부족과 영농 기술의 낙후 등 복합 요인으로 보입니다. 하지만 보다 근본적인 원인은 한정된 자원을 강성대군 정책에 기반한 미사일과 핵 개발에 올인하다 보니 농업에 투자하거나 지원할 여력이 없기 때문입니다. 지금이라도 선군 정치에서 벗어나 국민을 위한 선경 정책으로 전환하지 않는 한 북한의 만성적인 식량난 해결은 불가해 보입니다. 북한의 김정은과 그 측근들이 미사일 개발 등 반평화적 정책이 체제 안정에 도움이 되지 않는다는 것을 깨닫고 국민을 위한 국민과 함께하는 정책의 대 전환을 기대해 봅니다.

* 통일부 북한정보포털, wikipedia 북한농업

신토불이

최장수 베스트셀러인 《성경》 창세기 편에 창조주 천주님께서 흙으로 아담을 빚었다고 기록돼 있습니다. 사실 우리 몸의 구성 성분과 흙의 구성 성분은 동일합니다. 인간은 흙에서 나와서 흙으로 돌아간다는 말이 괜한 말이 아닙니다. 5대양 6대주의 지구에는 다양한 생물들이 살고 있습니다. 수천 년 동안 그 환경에 최적화된 생물들입니다. 우리나라의 쌀과 동남아에서 재배하는 쌀은 사뭇 다릅니다. 중국산 인삼과 고려인삼은 전혀 다르다는 것은 삼척동자도 압니다. 그 땅에 최적화된 농산물이 몸에 이로운 것은 당연한 이치일 것입니다.

신(身)과 토(土)의 어원은
인과응보라는 의미를 갖고 있습니다

신토불이라는 말은 자신이 사는 땅에서 제철에 생산된 농산물이 자기 체질에 잘 맞는다는 뜻으로 한때 우리 농산물 애용을 위해 농협에서

벌인 캠페인 구호로 널리 알려졌지만, 어원은 불교에서 나온 용어입니다. 신(身)이란 지금까지 행한 행위의 결과인 정보를 의미하고, 토(土)는 신이 입각하고 있는 환경인 의보를 의미하는, 즉 인과응보라는 의미를 갖고 있습니다.

현재의 모습은 자신이 만든
패러다임의 결정체, 즉 신토불이의 결과입니다

　신토불이는 제철 농산물이 몸에 이롭다, 내 몸과 음식은 둘이 아니다를 뛰어넘어 내가 생각하고 말하고 행한 대로 내 운명이 결정된다는 비밀이 담긴 말입니다. 사람은 생각한 대로 말하게 되고 말한 대로 살게 마련입니다. 결국 우리의 운명은 생각에 달려 있는 것입니다. 맑은 마음을 가지면 모든 일이 잘 풀린다는 심청사달(心淸事達)이란 말에 누구나 공감할 것입니다. 건강을 위해 신토불이의 좋은 음식을 찾는 것도 중요하지만, 그보다도 우리의 생각과 마음이 더 큰 영향을 끼칩니다. 현재의 내 모습은 그동안 자신이 만든 패러다임의 결정체 즉 신토불이의 결과입니다. 더욱 건강하고 보다 아름다운 인생을 위해서 언제나 긍정적인 생각과 기쁘고 감사한 마음을 갖는 습관을 갖는 것이 더욱 중요하다고 생각합니다.

협동조합에 거는 기대

협동조합의 나이는 올해로 180살입니다. 1844년 영국 북서부의 작은마을 로치데일(Rochdale)에서 28명의 노동자들이 생지옥 같은 삶에서 벗어나고자 1파운드씩 모아서 버터 25킬로그램과 설탕 25킬로그램, 밀가루 6봉지, 곡물 1봉지를 사서 자그마한 구멍가게를 열었습니다. 이것이 로치데일 협동조합의 시작입니다. 국제연합(UN)은 협동조합을 2008년 국제 금융위기 극복에 공헌한 공로로 인증하여 지난 2012년을 세계협동조합의 해로 선포한 데 이어서 최근 협동조합을 지역 사회와 함께하는 지속 발전 가능한 조직으로 인정하여 2025년을 두 번째 세계협동조합의 해로 선포하였습니다.

우리나라도 협동조합의 역사가 깊습니다. 하지만 일제 강점기에 일본의 탄압으로 협동조합의 맥이 끊어졌다가 1960년 신용협동조합, '61년 종합농협이 탄생하였습니다. 올해 농업협동조합(농협)의 나이는 63살로 IMF와 금융위기도 경험한 백전노장의 나이입니다. 그동안 농협은 말도 많고 탈도 많았지만, 정부의 계획에 의해 관 주도로 태어난 태생의 한계를 벗어나 이제 자리를 찾고 있습니다. 하지만 애당초 다양한 작목을 재배하는 조합원들로 구성된 공통의 목적으로 태어나지 않은 데다가 모순적인 선거 제도 등 정책적인 오류로 인하여 조합원과 또 국민들로부터 지탄이 지속되고 있습니다. 이러한 지탄에서 벗어나 조합원과 국민으로부터 인정받는 농협을 만드는 길은 협동조합의 기본 원칙에 충실하는 것입니다.

180년 전 영국의 로치데일 협동조합에서 시작된 협동조합의 기본 원칙은 오늘날 전 세계 협동조합이 따르고 있습니다. 그 원칙은 다음과 같습니다.

협동조합의 7대 기본 원칙

첫째, 자발적이고 개방적인 가입 원칙입니다. 우리나라 농협은 태생부터 관 주도로 시작한 바람에 원로 조합원들은 어려운 살림에서도 강제적으로 출자를 했습니다. 지금의 농협은 원로 조합원들의 희생으로 성장하였습니다. 원로 조합원과 1세대 조합원을 홀대해서는 안 되는 이유입니다. 최근 일부 농협에서는 기득권을 유지하려고 신규 조합원 가입을 기피하고 있습니다. 협동조합은 우리가 함께 잘 살고자 만든 조직이라는 것을 잊어서는 안 될 것입니다.

둘째, 조합원에 의한 민주적 통제 원칙. 조합원은 출자금 규모와 관계없이 1인 1표제로 의결권을 행사할 수 있으며, 조합원은 조합의 이

용자이면서 동시에 통제자입니다. 나아가 조합원은 민주적 대표로 구성된 이사회를 통해 사업과 투자 배분, 이익 배분, 조합원 가입 심사 등광범위한 문제에 걸쳐 경영자에 대해 통제권을 행사할 수 있습니다. 하지만 일부 조합장이 이사회를 장악하여 프리패스 거수기로 전락한 이사회도 있어서 안타까운 일입니다.

셋째, 조합원의 경제적 참여 원칙. 조합원은 조합 운영에 필요한 자본을 공정하게 조성하며 조성된 자본을 민주적으로 통제합니다. 당해 사업에서 이익이 발생하면 다음 사업을 위해서 적립한 후 조합원은 출자액에 따라 배당금을 받을 수 있습니다.

넷째, 자율과 독립의 원칙. 협동조합은 조합원들에 의해 관리되는 자율적인 자조 조직입니다. 협동조합이 정부 등 다른 조직과 약정을 맺거나 외부에서 자본을 조달하고자 할 때는 조합원에 의한 민주적 관리가 보장되고 협동조합의 자율성이 유지되어야 합니다. 문제는 자율을 넘어선 독선적인 경영입니다. 자율 기능은 키우고 독선은 견제할 수 있는 기능으로 제고돼야 할 것입니다.

다섯째, 교육·훈련 및 홍보의 원칙. 협동조합은 조합원, 선출된 임원, 경영자, 직원이 협동조합의 발전에 효과적으로 기여하도록 교육과 훈련을 제공해야 합니다. 하지만 일부 농협은 교육을 빙자하여 조합장 홍보나 선거에 악용하는 불미스러운 일로 조합원들을 안타깝게 하고 있습니다.

여섯째, 협동조합 간의 협력. 협동조합은 조합 간 또는 국제적으로 함께 협력 사업을 전개함으로써 조합 사업을 활성화하고 조합원에게 도움을 줄 수 있습니다. 도시농협의 농산물 판매 활동은 농촌 지역 협동조합과 도시농협이 서로 협력하고 상생하는 기회입니다.

일곱째, 지역 사회에 기여. 최근 협동조합이 유엔 등 국제기구로부터 인정받는 이유 중 하나가 지역 사회에 기여와 지속 성장 가능한 조직이라는 것입니다. 이제 우리 농협도 조합원의 조합을 넘어 지역 사회와 함께하는 국민의 농협으로 나아가야 합니다.

협동조합의 7대 기본 원칙은 180년 전 로치데일 조합에서 세운 후 전 세계 모든 협동조합이 채택하고 있는 기준입니다. 이 원칙만 준수한다면 농협은 지역 사회와 국가 경제를 이끌 수 있는 역량 있는 조직입니다. 농협은 시장의 독점 형성을 방지하며 소매가격을 낮추고 정보의 비대칭도 줄여나가는 역할을 하고 있으며, 시장의 실패를 줄이는 기능도 수행하고 있습니다. 2008년 금융위기 극복에 협동조합이 기여한 것처럼 농협은 미래의 불확실한 변화에 대응할 수 있는 대응능력을 향상시키고 있습니다. 하지만 농협은 역량에 비해 국민의 기대와 눈높이에 미흡한 것이 사실입니다. 농협이 조합원의 조합을 넘어 국민의 농협으로 지속 성장하기 위해서는 조합원들의 지속적인 이용은 물론 조합장의 과도한 권력을 견제할 필요가 있으며, 유능한 리더가 조합장으로 선출될 수 있도록 폐쇄적이고 불공정한 선거 제도가 개선돼야 할 것입니다.

우리 농업의 패러다임 변화

반세기 전만 해도 우리 농촌의 대다수 농가들이 보릿고개를 견뎌야 했습니다. 우리 부모님 세대는 X구멍 찢어지게 가난한 시절을 겪었습니다. 오죽했으면 소화도 못 시키는 소나무 속 껍질을 벗겨서 먹었을까요? 전후 50~60년대는 원조받은 밀가루는 충분한데도 굶주리는 국민을 위해 박정희 전 대통령은 당시 식품회사를 운영하는 삼양식품 전중윤 회장을 불러 일본에서 유행하는 라면을 만들어 보라고 권했다고 합니다.

삼양식품에서 일본식 라면을 만들었지만 국민들 반응은 싸늘했습니다. 박 전 대통령은 삼양식품 전 회장으로부터 라면이 멀겋기 때문에 국민들이 찾지 않는다는 소리를 듣고 라면 스프에 고춧가루를 넣으라고 고춧가루 쿼트를 풀어 주었다는 일화가 있습니다. 요즘 k-푸드를 선도하는 라면이 이렇게 탄생하였습니다.

전후 시작한 1세대 농업은 식량난 해결을 위한 정부 주도형 농업이었습니다. 우장춘 박사의 환국으로 영농방법을 개선하고 종자를 개량하였으며, 농업협동조합을 설립하여 생필품과 영농자재를 공동구매하였습니다. 나아가 우리도 잘 살 수 있다는 새마을 운동을 시작하여 농촌이 활기를 찾은 세대입니다.

3세대는 농산물 시장 개방의 시대라고 할 수 있습니다

2세대 농업은 백색혁명의 시대라고 할 수 있습니다. 통일벼가 보급되어 만성적인 식량난을 해결하였고, 비닐하우스가 보급되어 과채류와 신선 채소가 연중 생산되었으며, 농업 생산성이 획기적으로 늘었습니다. 바야흐로 공급 부족의 시대에서 공급 과잉의 시대로의 전환기를 맞은 시기입니다.

3세대 농업은 농산물 시장이 개방되어 값싼 수입농산물과 경쟁해야 하는 경쟁과 혼돈이 교차한 시대였습니다. 국가 주도에서 민간 중심으로, 생산 위주에서 품질 우선으로, 농산물에서 상품으로 전환되는 시대, 나아가 도매시장 중심에서 대형 유통업체 채널로 넘어간, 농산물 수출 1억 달러를 이룬 우리 농업에 대변혁이 일어난 시대였습니다.

4세대는 디지털농업 시대입니다

4세대 농업은 농산물이 디지털 옷을 입은 시대입니다. 온라인 거래가 일상화되고, 비로소 농업인이 농산물 가격을 정해서 판매하는 농업

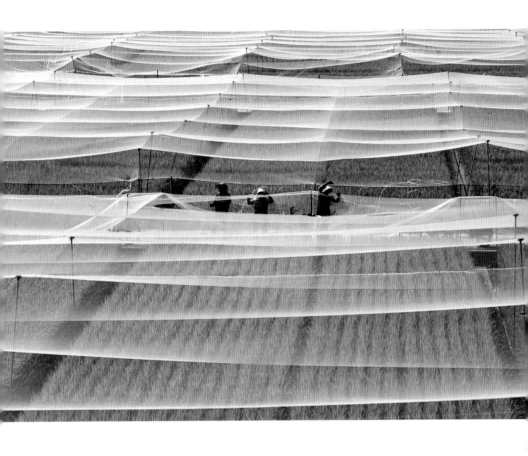

인이 주인 노릇을 하는 시대를 맞았습니다. 농사꾼이란 호칭 대신에 사장님이란 호칭을 듣게 되었고, 베이비붐 세대의 귀농은 물론 심지어 청년 농부가 늘어나면서 농업의 세대교체가 시작되었습니다. 한편으론 한류 문화 덕분에 우리 식품들이 전 세계에서 주목받는 농업의 글로벌화 시대를 맞았습니다.

우리는 이제 5세대 농업의 문을 열어야 합니다. 디지털 농업에서 스

마트농업으로, 농촌에서 도시 농업으로, 수평 농업에서 수직 농업으로 1, 2차 산업에서 6차 산업으로, 식량 농업에서 치유 농업으로, 무엇보다도 지속 가능한 농업으로 대전환이 필요한 시대입니다. 농산물 홈쇼핑을 통한 유통의 대변화, 생산자가 농산물 가격을 정하는 농업인이 주인이 되는, 農者가 天下之大本이 되는 시대를 열어야 합니다. 농업은 인류의 생명줄을 쥔 산업이라는 믿음과 함께 이 땅에 천년만년 대대손손 농업의 씨앗이 자라도록 해야 합니다.

로컬푸드 답사기

로컬푸드는 농협이 도입한 사업 중에서 성공한 사례로 꼽히는 사업입니다. 국내 로컬푸드 1번지는 완주 용진농협입니다. 2012년 '얼굴 있는 먹을거리'라는 슬로건을 걸고 농산물 직거래를 시작하여 현재 제조, 가공, 체험까지 제공하는 융복합 공간으로 성장하여 지역문화를 선도하고 있습니다. 국내 로컬푸드 사업은 이미 민간단체까지 확산되어 800여 개 매장이 성업 중이며 수도권 일부 농협의 로컬푸드 매출액이 1천억 원을 육박하고 있습니다.

사실 로컬푸드 사업의 효시는 일본 규슈 오이타현의 오야마 마을입니다. 오야마 마을은 호당 평균 경지면적이 0.4ha(1,200평)에 불과하고, 조합원 600여 명이 주로 밤과 매실 농사를 짓는 작은 산촌 마을입니다. 1990년 210 농가가 참여해 농산물 직매장을 시작하여 2001년 농가 레스토랑도 개설하였으며, 현재 8개의 농산물 직거래 매장과 11개의 레스토랑을 운영하여 연간 방문자가 3백만 명에 이른다고 합니다.

조화현 산문집

저는 최근 화성과 김포 등 수도권의 로컬푸드 매장을 다녀왔습니다. 매장 담당자는 그 바쁜 일정에도 약속한 시간보다 먼저 나와서 반갑게 저를 맞았습니다. 저를 맞이하는 직원들의 표정에 친절함은 물론 자신감과 책임감, 일에 대한 열정이 가득했습니다. 로컬푸드 사업을 어떻게 평가하느냐? 첫 질문에 밝은 미소와 함께 성공작이라고 겸손하게 답변해 주었습니다. 어떤 부분에 만족하느냐는 질문에 담당자는 소규모 농사를 짓는 원로 조합원들이 만족해하신다고 하였습니다. 그 이유는 소량의 농산물은 판로가 쉽지 않습니다. 더욱이 품질이 떨어지는 농산물은 아예 판로가 없는데, 이곳 로컬푸드 매장에서는 품질이 떨어진 상품도 찾는 소비자가 있기 때문에 소규모 원로 조합원들의 소득이 꽤 솔솔하다고 하였습니다.

로컬푸드 사업은 조합원들의 사업 참여는 물론 모든 사업에서 윈윈효과가 나타납니다

로컬푸드 사업의 또 다른 이점은 조합원들의 사업 참여는 물론 모든 활동에 적극적이라며 여러 사업에서 윈윈효과를 얻고 있다고 하였습니다. 심지어 예금 규모도 증가하고 신용 사업까지 시너지 효과를 얻고 있다며 신나는 표정으로 설명해 주었습니다. 제게 설명하는 직원들의 모습에는 긍정적인 에너지가 넘칩니다.

이번 로컬푸드 매장을 둘러보면서 느낀 점은 우선 로컬푸드 사업은 대도시 주변의 농협에 적합한 사업이라고 판단하였습니다. 도시 근교의 소규모 농장들은 신선하고 친환경 농산물을 찾는 소비자의 니즈를 만족시키기에 적합한 시스템을 갖추고 있기 때문입니다.

둘째는 로컬푸드 사업은 원로 조합원들의 소량 생산물도 거래하므로 고령화된 농촌 사회에 활력을 주고 지역 경제도 활성화시키는 장점을 갖고 있습니다.

셋째, 로컬푸드의 가장 큰 장점은 중간 유통단계가 생략된 직거래 매장이므로 소비자들이 신선하고 친환경 농산물을 합리적인 가격으로 구입할 수 있으며, 얼굴 있는 농산물을 통해 농업인과 도시민, 생산자와 소비자가 교류하고 소통하는 공간으로 지역 사회의 공동체 의식을 제고 합니다.

넷째, 사업이 잘되는 조직의 특징을 확인하는 기회였습니다. 잘 나가는 조직은 직원들이 친절하고 자신의 일처럼 적극적입니다. 일을 미루지 않고 열성적인 모습엔 애사심이 가득하고 매장 분위기는 활기가 넘칩니다.

99명의 머슴도 앓아누운 주인 한 명만 못하다

직원들을 움직이는 것은 조직의 리더에 달렸습니다. 아무리 좋은 아이템의 사업이라 하더라도 직원들이 소극적이라면 성공하기 힘들 것입니다. 잘 나가는 조직은 리더가 직원들에게 자율과 책임을 주었기에 가능한 일입니다. 옛말에 99명의 머슴도 앓아누운 주인 한 명만 못 하다고 했습니다. 리더는 직원들에게 동기를 부여하고 직급에 맞는 권한과 자율을 주었기에 직원들이 내 일 같이 움직이고 조직은 활기가 넘치게 마련입니다. 명장 밑에 졸부 없다고 했듯이 이번에 방문한 로컬푸드 매장 직원들의 행동에는 자부심과 책임감이 넘쳐 보였습니다. 조합장을 직접 만나지는 못했지만 훌륭한 인품과 리더십이 눈에 선하였습니다.

끝으로 농협의 존재 이유는 조합원이라는 사실을 실감하였습니다. 바쁜 중에도 친절하게 안내해 주신 직원들께 감사드립니다. 조합원을 위한 진정한 농협으로 우뚝 서기를 기대해 봅니다.

조합원을 위한 농협으로 가는 길

**농협중앙회의 조직 개편은 고기를 잡는 사람보다
잡은 고기를 세는 사람이 더 많은 꼴로 만들었습니다**

농업협동조합은 2012년 농협중앙회 조직 개편을 비롯해 수 차례의 수술을 하였음에도 여전히 가까이하기에는 먼, 농업인을 위한 조합이라고 하기에는 아쉬움이 많은 조직입니다. 그 이유는 수술을 하는 집도의가 수술의 당위성에 집착한 나머지 디테일하게 수술하지 못하였기 때문입니다. 그 대표적인 사례가 '12년 중앙회의 사업 분리입니다. 농협중앙회를 금융지주와 경제지주로 나누고 또 각 지주사 아래에 자회사와 손자회사로 나누어 옥상옥 구조를 만들었습니다. 문제는 농협의 조직 개편은 고기를 잡는 사람보다 잡은 고기를 세는 사람이 더 많은 꼴을 만들었습니다. 그 결과 농업인에게 지원돼야 할 몫이 조직을 운영하는데 급급하게 만들고 있습니다.

그 폐단이 벌써 나타나고 있습니다. 금년 국정 감사에서도 지적(정희용 의원)하였듯이 지난 '23년 농협유통은 287억 원 적자 경영으로 자본잠식 상태에 빠졌으며, 지난해 309억원의 적자를 기록한 농협하나로 유통도 금년에 자본잠식 상태에 이를 것이라고 하였습니다.*

상황이 이 지경인데도 불구하고 농협중앙회장은 연임을 위해 농협법을 개정하겠다고 밥그릇 챙기기만 급급한 실정입니다. 뿐만이 아니라 국민들은 농협을 농업·농촌을 위한 조직으로 알고 지지하고 있지만, 금융지주 소속 직원들은 국민들의 염원은 아랑곳하지 않고 농업에 대한 공감대와 연대 의식이 희박하다는 데 있습니다. 금융지주 내부에서 '농업지원사업비가 높다.'거나 '수익을 내 봤자 농업지원사업비만 증가하는데 더 수익을 낼 이유가 있나?'는 볼멘소리가 점점 커가고 있는 것은 바로 농업과 농협에 대한 책임감이나 연대 의식이 희박하기 때문입니다.

사실 더 큰 문제는 지역농협에 있습니다. 지역농협은 70년대 초 리동농협에서 면 단위 농협으로 통합되면서 오늘날 지역농협 형태를 갖춘 지 반세기 넘게 우리나라 농업농촌과 동고동락해 온 조직입니다. '89년 민선 조합장 시대가 열리면서 농업인을 위한 농협, 조합원의 농협으로 성큼 다가왔으나, 조합장의 막강한 권력과 제도적 미흡으로 여전히 조합원은 반쪽짜리 주인에 머물고 있는 실정입니다.

상임 조합장의 임기는 3선으로 제한되어 있으나, 비상임 조합장의 임기는 제한이 없다는 데 문제가 있습니다

대표적인 문제는 현행 농협법상 상임 조합장의 임기는 3선으로 제한되어 있으나 비상임 조합장은 임기 제한이 없다는 데 있습니다. 무늬만 비상임 조합장이지 무한 권력을 가지고 있으면서 일부 조합장은 6~9선, 20~30년을 집권한 직업이 조합장인 농협이 허다한 실정입니다. 물론 다선의 경력이 조합 경영에 도움이 될 수도 있지만, 문제는 무한 권력을 감독하거나 견제할 수 있는 기구가 없다는 것과 능력 있는 조합원이 경영에 참여하기에는 제약이 너무 많다는 데 있습니다.

소위 민선이란 탈을 쓴 현행의 조합장 선거제도는 기울어진 운동장에 불과합니다. 현행 선거법상 공식 선거운동 기간은 13일, 후보자 당사자만 선거운동을 하도록 허용하고 있어서 사실상 후보를 알리거나 공약사항을 전달하기에도 어려운 실정입니다. 따라서 후보자 공개 토론회와 연설회 도입이 절실하며, 아울러 조직의 발전을 위해서도 또 기존 조합장과의 형평성 유지를 위해서라도 후보자들이

평소에 자신의 소신과 철학을 조합원과 공유할 수 있도록 선거 규제를 완화해야 진정한 민주농협으로 성장할 수 있을 것입니다.

또 다른 문제는 국정감사 때마다 매년 단골 메뉴로 지적되는 수의계약입니다. 금년 국정감사에서도 농협중앙회가 최근 5년간 체결한 외부계약 가운데 70%를 수의계약으로 처리하였으며, 또 수의계약 금액의 약 94%가 농협 자회사와 처리하였다고 지적하였습니다.** 농협법상 계약사무처리준칙에 따르면 수의계약 금액과 대상을 제한하고 있으나, 농협자회사 간에는 수의계약을 할 수 있다고 명시하여 사실상 대다수의 계약 업무를 수의계약으로 처리하고 있는 실정입니다. 수의계약은 특정 업체와 진행하므로 공정성과 투명성을 담보할 수 없습니다. 조합의 소중한 자산을 지키고 투명한 경영을 위해서 시급히 개선돼야 할 과제입니다.

원로 조합원의 대우 개선과 준법감시인 제도가 도입되어야 합니다

아울러 검토돼야 할 과제는 원로 조합원의 대우 문제와 준법감시인 제도 도입입니다. 원로 조합원은 60~70년대에 어려운 경제 사정에도 불구하고 강제적으로 조합원에 가입하여 오늘날까지 협동조합을 키워 오신 분들입니다. 연로하셔서 영농에 종사하기 어려운 분도 계시지만, 도시화로 인하여 농지가 수용당하여 더 이상 농사를 지을 수 없는 분들도 상당수 있습니다. 본인의 의지와 관계없이 영농에 종사할 수 없는 원로 조합원과 일정 기간 조합원으로 조합 경영에 참여하여 농협 발전에 기여한 조합원들에게는 조합원 가입 기간과 비례하여 조합원 자격을 유지하도록 하거나, 원로 조합원 자격 기준을 별도로 규정하는 등 농협법의 개정이 시급한 실정입니다. 아울러 자산 규모가 커지고 있는 지역농협의 건전하고 투명한 경영을 위한 준법감시인 제도가 도입돼야 할 것입니다.

농협은 200만 농업인의 동반자이자 조합원과 운명 공동체입니다. 나아가 농협은 미래 농업을 이끌 소중한 존재이고 자산입니다. 농협이 조합원을 위한 조직, 우리 농촌과 농업을 지키고 국민과 함께하는 조직으로 성장하기 위해서는 미흡한 제도가 시급히 개선돼야 할 것입니다.

* 〈최근 5년간 농협유통 적자 규모 약 19.4배 급증〉(헤럴드 경제, 2024. 10. 18)
** 〈'내식구 챙기기'… 농협, 수의계약 금액 94% 자회사에〉(국감 2024] / iT-CHOSUN / 2024. 10. 17)

밥맛의 비밀

일본에서도 밥맛이 좋기로 소문난 집이 있습니다. 어느 기자가 밥맛이 좋은 식당 사장에게 "맛있게 밥을 지을 수 있는 비결이 무엇이냐?"고 질문을 하였습니다. 3대째 가업을 이어 온 주인장은 기자에게 "밥맛의 비밀은 밥물의 양에 달렸다. 우리 가게에서는 쌀을 씻은 후 4시간 동안 채반에 두었다가 일정량의 물을 넣어서 밥을 짓고 있다."고 설명하였습니다. 같은 품종이라도 햅쌀과 묵은쌀의 수분 함량이 다르고, 도정 후 경과 기간에 따라서도 수분 함량이 다르기 때문에 물에 충분히 불린 후 일정한 시간이 지난 후에 동일한 물을 넣어서 밥을 짓는 것입니다.

밥맛은 쌀의 단백질과 아밀로스 함량에 달렸습니다

사실 밥맛은 밥물의 양도 좌우하지만 더 근원적인 것은 떫은맛을 내는 쌀의 단백질 함량과 아밀로스 함량입니다. 단백질 함량이 낮을수록 밥맛은 좋아집니다. 그 대표적인 예가 찹쌀입니다. 찹쌀은 100그램당 단백질 함량이 6.5그램, 아밀로스 함량도 5% 수준으로 멥쌀 보다 비교적 낮고 아밀로펙틴이 많아서 찰집니다. 현미도 백미에 비해 밥맛이 떨어집니다. 그 이유에 섬유질이 높은 탓도 있지만 단백질 함량이 높기 때문입니다.

단백질 함량은 벼 품종의 특성입니다. 맛있는 저 단백질 함량의 쌀을 구입하려면 우선은 품종을 확인해야 합니다. 국내에서는 이천 쌀을 최고로 인정하고 있습니다. 그 이유는 이천 지방에서는 품질이 좋은 해들과 참드림, 알찬미를 재배하고 있기 때문입니다. 이들 품종은 단백질 함량이 낮고 밥알이 투명하며 윤기가 쪼르르 흐르는 품종입니다. 이들 품종이 개발되기 전에도 이천 지역은 추정벼와 고시히카리 등 단백질이 낮고 밥맛이 좋은 품종을 재배해 왔습니다.

참드림은 재배품종 중 단백질 함량이 가장 낮은 품종입니다

최근에 밥맛이 좋은 저 단백질 품종이 많이 개발되었습니다. 충북 지역에서 많이 재배하는 참드림 품종이 좋은 사례입니다. 참드림은 삼광벼와 찰벼를 교잡하여 단백질 함량은 5.4그램으로 재배 품종 중에서 가장 낮고 찰기가 좋아 입맛을 사로잡는 품종입니다. 그 외 백진주, 삼광벼, 영호진미도 밥맛 좋은 저 단백 품종입니다.

벼의 단백질 함량은 같은 품종이라도 질소 비료를 많이 주면 단백질

함량이 높아집니다. 같은 품종이라도 밥맛이 다른 이유입니다. 대표적
인 사례가 국내에서 가장 많이 재배되고 있는 신동진 품종입니다. 처음
신동진 벼가 출시되었을 때 밥맛이 좋아 인기가 높았지만, 다른 품종과
달리 신동진 벼는 질소 함량이 많아도 벼가 쓰러지지 않아서 농가들이

다수확을 위해 질소 비료를 마구 뿌린 결과 수확량은 20~30%로 증가
한 반면 밥맛이 떨어졌습니다. 정부에서도 이런 폐단을 막기 위해 신동
진 벼 수매와 종자 보급을 중단하기로 하였으나 신동진 벼를 가장 많이
재배하는 지역 농가들의 강력한 반발로 유예되고 말았습니다. 농가들

의 이익에 소비자들만 봉이 된 셈입니다.

단백질 등급 '수'는 쌀 100그램당
단백질 함량이 6그램 미만입니다

최근 정부에서는 유통하는 쌀의 품질을 포장지에 표시하도록 권장하고 있습니다. 단백질 함량은 의무 표시 사항은 아니지만 수, 우, 미 3등급으로 표시되어 있으므로 확인 후 구입하는 것도 맛있는 쌀을 구입하는 비결입니다. 단백질 등급에서 수는 쌀 100그램당 단백질 함량이 6그램 미만이고, 우는 6.1~7.0그램, 미는 7.1그램 이상입니다. 포장지에 품종과 생산 연도, 도정 일자, 등급이 표시되어 있습니다. 품종뿐만 아니라 생산년도와 도정일자가 최근일수록 신선하고 밥맛이 좋습니다. 품질표시에 특, 상, 보통의 등급은 쌀알의 손상 정도를 나타낸 것으로 특이나 상은 손상이 없는 완전미가 높은 쌀이지만, 밥맛과는 관련이 없는 사항입니다. 포장지에 기재된 표시 사항을 확인하고 쌀을 구입하는 것도 맛있는 쌀을 구입하는 비결입니다. 밥맛의 최고의 비밀은 자연 즉 하늘에 달렸습니다. 벼가 무르익도록 빛을 준 태양과 바람 그리고 꽉 찬 알갱이를 만들려고 무더운 여름을 이겨 낸 벼에게 감사를 전합니다.

로컬푸드 & 농산물 직거래

로컬푸드란 소비자가 거주하는 지역에서 생산된 농산물을 말하며, 장거리 운송을 거치는 글로벌 푸드와 반대되는 개념입니다. 로컬푸드의 이점은 건강하고 신선한 농산물을 소비자에게 공급함과 동시에 지역 경제를 활성화하고 나아가 수입 농산물에 대한 우리 농산물의 경쟁력도 키우고, 생산자와 소비자의 사회적 거리도 좁히는 데 기여합니다.

30여 년 전 시작한 북미의 100마일 다이어트 운동과 일본의 지산지소 운동이 로컬푸드 운동으로 이어져 국내에서는 10여 년 전 완주 용진 농협에서 '얼굴 있는 먹거리'라는 슬로건을 걸고 농산물 직거래를 시작한 이래 현재는 전국에서 800여 개 로컬푸드 매장이 성업 중입니다.

로컬푸드는 푸드마일리지를 낮추는데
가장 좋은 유통방식입니다

로컬푸드는 푸드마일리지를 낮추는 데 최적의 시스템입니다. 식품

운송에는 엄청난 에너지를 소모하며 탄소를 배출하는데, 푸드마일리지의 목적은 우선 식품의 생산에서 소비 및 폐기에 이르는 전 과정에서 발생하는 탄소 배출량을 줄이고, 둘째, 식품이 소비자의 식탁으로 도달하는 동안 영양의 손실과 부패를 최소화하여 안전한 먹거리를 확보하는 데 있으며, 셋째, 식품이 사회적으로 적절한 환경에서 생산되고 소비되도록 보호하는 사회적 책임이 따르도록 하는 것입니다.

반면에 농산물 직거래는 유통 중간 상인을 거치지 않고 생산자와 소비자가 직접 거래하는 방식은 로컬푸드와 비슷하지만 소비자 지역에서 생산된 농산물이 아니라는 점에서 로컬푸드와 다릅니다. 엄밀하게는 푸드마일리지는 고려하지 않는 농산물 거래입니다.

제가 살고 있는 지역에도 매주 수요일 농협 앞에 농산물 직거래가 이뤄지고 있습니다. 하지만 엄밀하게 직거래라기보다는 유통 상인의 상술에 불과한 거래형태라 실망이 큽니다. 농산물 직거래도 소비자가 신선한 농산물을 구입할 수 있는 기회이지만, 생산자는 일터에서 농업에 종사해야 하므로 농산물 직거래를 상시로 지속하기 어려운 한계가 있습니다. 따라서 도시의 소비자에게는 로컬푸드 매장이 아주 효율적인 시장입니다.

제가 보는 로컬푸드의 또 다른 장점은 생산자인 농업인에게 진정한 주인 의식과 자부심을 주는 시스템이라는 점입니다. 로컬푸드 매장에서는 생산자가 판매 가격을 정하고 매장 운영자는 소정의 수수료만 취하는 구조입니다.

현재의 농산물 유통구조는 유통 비용이 경매 가격보다 높아서 배보다 배꼽이 더 큰 꼴입니다

현재, 농산물은 생산자인 농업인이 가격을 정할 수 없습니다. 농산물 유통과정은 1985년 농안법 시행 이후 산지 수집상을 거쳐 경매와 중도매인 및 소매상 등 5~7단계를 거쳐야 소비자에게 전달되므로 유통 비용이 경매 가격보다 높아서 배보다 배꼽이 더 큰 꼴입니다. 농수산물 도매시장 제도는 농업인을 보호하고 안전한 농산물을 소비자에게 공급하고자 시행됐지만, 아이러니하게도 농산물 가격이 폭등해도 생산자인 농업인에게는 별 이익이 없습니다. 심지어 낙찰 가격이 생산비에도 훨씬 못 미치더라도 어쩔 수 없습니다. 농업인은 농산물 가격에 아무런 영향력이 없습니다. 울면서 겨자 먹듯이 오로지 경매사가 지정하는 가

격만 받을 뿐입니다. 애써 지은 농산물을 밭에서 갈아엎거나 중간 상인에게 판매한 농산물을 상인이 수확하지 않아서 농업인은 후기작을 심지 못해 애태우는 안타까운 사연이 심심찮게 보도되고 있습니다. 바로 농산물 경매 가격이 생산비는커녕 운반비나 경매장 하역비에도 못 미치는 경우가 있기 때문입니다.

  기존의 농산물 유통 구조에서는 생산자인 농업인은 자신의 농산물이지만 가격 결정에 아무런 권한이 없습니다. 산지 수집상이 제시하는 가격이나 경매에서 낙찰되는 가격이 생산원가 이하일지라도 끽소리조차 못 하고 출하할 수밖에 없습니다.

로컬푸드 매장의 거래 방식은 농산물 유통의 혁신입니다

로컬푸드 매장의 거래 방식은 '농산물 유통의 혁신'이라 말할 수 있습니다. '혁신'의 사전적 의미는 묵은 풍속이나 관습, 방법 따위를 완전히 바꾸는 것을 의미하는데 로컬푸드 매장은 말 그대로 농산물 유통에서 획기적인 혁신적 개선이라 할 수 있습니다. 기존의 5~7단계 유통단계를 생산자와 소비자 간 직거래로 단축하였고, 또한 가격 결정도 생산자인 농업인이 결정한 것도 혁신적이고 나아가 농산물 가치의 핵심인 안정성과 신선함에 있어서도 소비자들은 생산자의 이름이 기재된 친환경 마크를 보고 아침에 수확한 신선한 농산물을 구입할 수 있으니, 지금껏 볼 수 없었던 농산물 유통 혁신의 좋은 사례입니다.

수년 전에 방문한 수도권 로컬푸드 매장에서 만난 조합원이 제게 들려주신 말씀을 잊을 수 없습니다. 그 조합원은 칠십 평생 처음으로 "내가 지은 농산물을 내가 원하는 가격을 받았다."고 환하게 웃으면서 자랑스럽게 이야기했습니다. 지역 경제를 활성화하고, 생산자와 소비자가 함께 원원하는 농산물 유통의 혁신을 가져온 로컬푸드 매장이 전국으로 확산되어 농업인이 진정한 주인이 되는 세상이 되길 기대해 봅니다.

우장춘 박사 그는 누구인가?

가을철 서늘한 기후에서 잘 자라는 무와 배추를 우리는 한 여름철에도 먹을 수 있습니다. 이유는 고온에서도 잘 자랄 수 있는 품종을 육성한 기술 덕분입니다. 현재 우리나라의 무와 배추 육종 기술은 타의 추종을 불허하는 세계 1위의 기술을 보유하고 있습니다. 이러한 기술은 국내 민간 종자 업체들의 노력 결과이지만 원초적인 기술은 우장춘 박사가 원예 1호라는 배추를 개발하면서 그 토대를 마련하였기에 가능한 일입니다.

'우장춘 박사를 아느냐?'고 물으면 선뜻 답변이 나오지 않습니다. 하지만 질문을 바꿔 '누가 씨 없는 수박을 만들었습니까?' 하고 물으면 '아! 그분이 우장춘 박사이시구나.' 하고 기억을 합니다. 우장춘 박사는 한국농업과학연구소(현 국립 원예특작과학원) 소장으로 재임 시 강연을 많이 하셨다고 합니다. 강연할 때 씨없는수박을 만드는 방법을 자주 설명한 데서 우장춘 박사가 씨없는수박을 만든 분으로 잘못 알려진 것 같습니다.

우장춘 박사는 세계 최초로 교배종 배추를 육성했습니다

우리나라 농업 발전의 초석을 다진 우장춘 박사는 세계 최초의 교배종 배추인 원예 1호배추, 원예 2호 배추와 양파, 양배추 등 많은 품종을 육성하였으며, 무병 씨감자 기술을 획득하여 강원도에 감자 재배를 정착시켰습니다. 일본의 감귤을 도입하여 제주도에 적합한 품종으로 개량하여 보급하였고, 봄철 관광객의 눈길을 끄는 제주도의 아름다운 유채꽃도 우장춘 박사의 공로입니다. 도서지방인 진도에 종자 채종단지를 만들어 우수한 채소 종자를 채종하였을 뿐만 아니라, 코스모스를 길가에 심어 경관을 조성하는 등 우리나라 농업과 농촌 곳곳에 우장춘 박사의 손길이 닿지 않은 곳이 없습니다.

우장춘 박사는 1950년 한국으로 환국 후 국내의 열악한 농업기술 발전을 위해 헌신하셨습니다. 심지어 일본에서 돌아가신 어머니의 장례식도 참석하지 못한 채 연구에 몰두하였으며, 조의금으로 들어온 돈으로 한국농업과학연구소(동래)에 우물을 파서 연구소와 인근 주민들의 물 부족을 해결하였을 만큼 고국의 발전에 이바지하신 분이셨습니다.

우장춘 박사는 1935년 '배추속(Brassica) 식물에 관한 게놈분석'이라는 '종의 합성'(유채 = 배추 × 양배추의 종간 교잡) 이론으로 도쿄제국대학에서 박사 학위를 받았습니다. 자연선택이나 돌연변이를 통해 새로운 종이 출현한다는 다윈의 진화론을 넘어선 새로운 종의 탄생 비밀을 밝힌 '종의 합성' 이론은 세계 식물학자들의 이목을 끈 식물의 유전·육

종 분야의 획기적인 학문이었지만, 우장춘 박사는 일본에서도 한국에서도 학문을 연구하기보다는 실용적인 종자 개발에 매진하여 농업 발전을 이끈 근대 농업의 아버지라는 평가를 받고 있습니다.

우장춘 박사가 학문의 길을 걷지 않고 실용적인 산업에 몰두한 것은 어려운 가정 환경의 영향을 받은 것으로 생각됩니다. 1898년 일본에서

태어난 우장춘 박사의 삶은 순탄하지 않았습니다. 아버지 우범선은 명성황후 살해 사건에 연루되어 일본으로 망명하였다가 한국에서 보낸 자객에 의해 우장춘이 6살 때(1903년) 피살되었습니다. 일본인인 홀어머니는 생활고에 시달려 어린 우장춘을 잠시 사찰에 맡기기도 하였습니다. 우장춘은 조선총독부의 관비 장학생으로 선발되어 도쿄제국대학 농학실과에 입학하였습니다. 대학 졸업 후에 농림성 산하 농사시험장에 취직을 하였으나, 인기가 없는 원예부로 발령을 받아 나팔꽃과 피튜니아(petunia)를 담당하였습니다. 농사시험장에서 16년 동안 말단인 기수(技手)로 근무하며 인기 없는 화훼류를 연구하였습니다.

조선인 아버지와 일본인 어머니에서 태어난 혼혈 출신인 데다가 한국 이름을 가진 우장춘에 대한 차별은 도를 넘는 수준이었습니다. 당시 피튜니아는 유럽에서 인기 있는 꽃이었으나 모두 홑꽃이었는데 우장춘 기수는 대형 겹꽃 피튜니아를 육종하였습니다. 피튜니아 육종 과정을 박사 학위 논문으로 쓰려고 하였으나 화재가 발생하여 모든 자료가 소실되는 바람에 우장춘 기수의 꿈도 소실되고 말았습니다. 하지만 우장춘 기수는 포기하지 않고 유채를 연구하던 중 유채는 배추와 양배추의 종간 교잡에서 만들어진 종이라는 것을 밝혀내어 박사학위(1936)를 받았습니다. 우장춘 박사의 '종의 합성' 이론은 식물 유전과 작물 육종에 대 전환을 가져온 획기적인 성과입니다.

**"이제 아버지의 나라 한국을 위해
최선을 다할 것이고 이 나라에 뼈를 묻겠다"**

우장춘 박사는 일본에서도 인정받는 학자였지만, 우리 국민들로부터 환국 요청을 받고 가족들의 반대와 일본 정부의 반대에도 불구하고 고국에 진 빚(아버지의 잘못)을 갚겠다며 일본으로 강제 이송된 조선인들을 송환하기 위해 기다리는 수용소로 스스로 들어가 강제 송환선을 타고 환국하였습니다. 부산에서 우장춘 박사의 환국을 환영하는 행사에서 우장춘 박사는 "그동안 어머니의 나라 일본을 위해 일본인 못지않게 일했다. 이제부터는 아버지의 나라 한국을 위해 최선을 다할 것이고 이 나라에 뼈를 묻겠다."라며 환국의 소감을 밝혔습니다. 그의 소감에는 아버지의 죄에 대한 사죄의 뜻과 고국을 위해 일 하겠다는 신념이 배어 있습니다. 그의 이러한 신념은 평소 어머니가 하신 "너의 아버지는 조국에 큰 죄를 지었으니 이를 갚아야 한다."라는 가르침에 영향을 받은 것으로 생각됩니다.

우장춘 박사의 한국과학농업연구소 생활도 쉽지 않았습니다. 정치권에서는 여전히 친일파 매국노의 아들이라며 우장춘 박사를 폄훼하는가 하면 심지어 연구비도 제대로 지원하지 않았습니다. 많은 냉대 속에서도 우리나라 농업 발전의 초석을 다졌을 뿐만 아니라 후학 양성을 위해 부단히 노력했습니다.

우장춘 박사는 대부분의 시간을 후배들과 함께 농장에서 생활하며 후배들에게 작물 재배법과 육종에 대해 또 수정하는 방법과 선발하는 노하우를 가르치셨다고 합니다. 늘 검정 고무신을 신고 농장을 다니는 바람에 고무신 박사라는 애칭을 들으면서 연구원들에게 "작물을 보는 눈빛이 잎을 뚫어 그 뒤까지도 볼 수 있어야 한다."며 연구원들의 열정을 북돋우며 후학 양성에 매진하였다고 합니다.

민들레는 아무리 짓밟혀도 끝내는 꽃을 피운다

어린 나이에 어머니와의 생이별과 혼혈인으로 받은 왕따와 차별 등 어려움을 극복하고 성장한 과정은 물론 환국 후 서거까지 한국과학농업연구소에서 우장춘 박사가 보여 준 열정과 애국심은 제게 신선한 충격을 주었습니다.

한 보고서에 따르면 우리나라 청년 10명 중 8명이 평균 2.9년 만에 첫 직장을 떠난다고 합니다. 물론 더 나은 환경을 찾아서 이직을 하였겠지만, 대부분의 이직 사유가 상사나 동료와의 갈등이라는 점은 어린 우장춘이 불우한 환경을 극복한 민들레 교훈을 생각나게 합니다. 어린 우장춘이 왕따를 받고 길가에서 울고 있을 때 어머니가 민들레를 가리키며 "민들레는 아무리 짓밟혀도 끝내는 꽃을 피운다. 네게 괴로운 일이 많겠지만 거기에 굴하지 말고 훌륭한 사람이 되어라."고 어린 우장춘을 교육시켰다고 합니다. 우장춘을 근대 농업의 아버지로 성장시킨 것은 어려운 환경을 극복하려는 의지와 일에 대한 열정이 있었기에 가능했습니다.

더욱이 일본에서 존경받는 학자로서 일본 정부와 가족들의 반대에도 불구하고 고국에 진 아버지의 빚을 갚겠다고 한국으로 환국한 모습은 우장춘 박사의 신념과 애국심이 어느 정도인지 충분히 알 수 있습니다. 임종을 앞둔 병실에서도 연구 중인 벼를 보고 싶다고 하여 한 연구원이 벼 이삭을 보여 주자 "이 벼, 끝을 보지 못하고 죽다니"라며 벼 품종 개발을 마무리하지 못한 것을 아쉬워했다고 합니다. 비록 아버지가 조국에 죄를 지었지만 조국에서 보낸 자객에 의해 아버지를 잃고, 어려운 가정 형편 때문에 어머니와 헤어져 자란 아픔 속에서도 가난한 조국을 위해 헌신한 모습은 우장춘 박사의 뛰어난 업적보다도 더 훌륭한 가치이고 자랑스럽습니다.

한평생 친일파라는 멍에를 진 채 조국의 발전을 위해
온몸으로 헌신하신 박사님의 열정과 애국심은 더욱 빛날 것입니다

한 원로 교수의 기탁으로 지난 9월에 우장춘 박사 재단이 발족되었습니다. 비록 늦은 감은 있지만, 이제라도 조국을 위해 헌신한 박사님의 뜻과 애국심을 기리는 것은 마땅한 일입니다. 한국 농업 발전의 초석을 다지고 낙후된 농업을 근대화시킨 박사님의 공로를 우리는 잊어서는 안 될 것입니다. 한평생 친일파라는 멍에를 진 채 조국의 발전을 위해 온몸으로 헌신하신 박사님의 열정과 애국심은 더욱 빛날 것입니다. 우장춘 박사님 감사합니다.

3장

가을, 수확

백로

기록적이라던 무더위도 한풀 꺾였는지 아침저녁으로 시원한 바람이 불어옵니다. 일교차가 커지면서 흰 이슬이 내린다는 백로입니다. 밤사이 이슬 대신 보슬비가 내렸습니다. 살갗에 와닿는 바람결에 가을 향기가 묻어나는 상쾌한 아침입니다.

그동안 수시로 물을 주었지만 시큰둥하던 채소들이 보슬비 덕분에 때깔이 달라졌습니다. 역시 자연의 힘은 대단하다는 생각이 듭니다. 심은 지 일주일이 지난 배춧잎도 생기가 돕니다. 어린 배추가 드디어 땅내를 맡았습니다. 배추보다 일찍 파종한 무는 어느새 잎이 큼직큼직해졌지만 약을 치지 않은 탓에 잎에 구멍이 숭숭합니다. 벌레들도 농약을 치지 않은 것을 귀신같이 압니다. 온 동네 벌레는 제 밭에 집합한 것 같습니다.

밤사이 두더지가 헤엄을 쳤는지 밭두렁이 성한 데가 없습니다. 달팽이도 뒤질세라 더듬이를 내밀고 배춧잎을 기어오르지만 배춧잎은 마다하지 않습니다. 두더지와 달팽이의 기습에도 아랑곳하지 않는 싱싱한

채소를 보면서 가을 향기 묻어나는 시원한 바람과 함께 제 몸과 마음도 상쾌하기만 합니다. 보슬비 머금은 싱싱한 배추가 '나는 나눌 수 있어서 좋습니다.'라며 제게도 가벼이 편하게 살라고 속삭입니다.

햇살에 무지갯빛 구름이 넘실거리는 아침은 세상사를 잊게 합니다. 채마밭의 싱싱한 채소들은 제 마음을 씻어 주기도 하고 새로운 희망을 줍니다. 주위에서는 더운 날씨에 고생하지 말라고 하지만 저는 이 시간이 즐겁습니다. 나비처럼 종일 밭두렁에 머물고 싶기도 합니다. 밤사이 내린 비가 제 일을 들어주었습니다. 고마운 단비입니다. 땅이 촉촉하니 솎음 작업하기에 안성맞춤입니다. 한여름 더위에도 당근이 힘차게 자랐습니다. 콩나물처럼 **빽빽**한 당근을 두 치 간격으로 솎아 내고 나니 당근이 꼴을 갖춘 것 같습니다. 당근 솎음의 비결은 줄기가 굵고 튼튼한 것을 솎아 내는 것입니다. 줄기가 굵은 것은 당근의 심부가 굵어서 품질이 떨어지기 때문입니다. 싹이 제대로 트지 않은 곳에 듬성듬성 서 있는 당근보다 **빽빽**이 서 있는 당근이 훨씬 더 잘 자랐습니다.

당근이 제게 한마디 합니다. "주인님 우리는 이렇게 서로 의지해서 살기 때문에 건강히 잘 자랐다."고 일러줍니다. 근권을 형성하여 뿌리가 잘 자랄 수 있는 환경을 만들고 다른 생명체로부터 보호받기 때문에 훨씬 빨리 자랍니다. 당근뿐만이 아니라 다른 식물도 공동생활을 더 좋아합니다. 침엽수림에는 침엽수가 무성하고 활엽수림에는 활엽수가 무성합니다.

어디 식물만 그런 게 아닙니다. 어릴 때 저녁마다 오리를 사육장에 가둬야 했습니다. 앞에 있는 한 두 마리만 몰면 나머지 오리가 다 따라왔던 기억이 눈에 선합니다. 초원에 들소들도 떼 지어 살고 있습니다. 심지어 사자들도 무리 지어 살며 사냥을 할 때 앞에서 뒤에서 사방에서 동시에 사냥감을 몰아붙입니다. 남극 대륙의 영하 50도가 넘는 추위에서도 펭귄들은 알을 부화시킵니다. 그 비결은 무리 지어 서로 세찬 바람을 막아 주고 무리들의 체온으로 추위를 이겨 내기 때문입니다. 바로 협동의 힘입니다.

비대면 사회는 고립과 자기중심적 사고를 키울 수 있습니다

이 지구상에 섬처럼 고립된 생명체는 하나도 없습니다. 우리를 둘러싼 생태계는 거미줄처럼 얽혀 있습니다. 하지만 도시화와 디지털의 발달은 비대면·비접촉 사회를 촉진하고 있습니다. 비대면에 익숙한 세상은 고립을 초래하고 자기중심적 사고를 키울 수 있습니다. 더욱이 세상을 외면하거나 불신이 팽배해질 수 있습니다. 우리는 소통과 협력을 통해 신뢰를 회복하고 건강한 사회를 만들 수 있을 것입니다. 자연은 우리에게 협동의 소중함을 알려 줍니다. 보슬비 내린 아침에 싱싱하게 자란 당근들이 제게 함께 같이 사는 것이 잘 사는 길이라고 속삭입니다.

수확

천고마비의 계절답지 않게 밤사이 내린 가을비가 농부들의 바쁜 일손을 더 채근하였습니다. 비가 그치고 나니 어느새 황금 들판이 횅해졌습니다. 여름 내내 뜨거운 태양과 무더위 속에서 익은 황금빛 곡식들을 보쌈해 가듯이 농부들이 한순간에 추수를 마쳤습니다. 오곡백과가 넘실거리던 들판에는 곡식 대신 횅한 바람이 힘없는 검불만 붙잡고 헤매고 있습니다. 저 너머 산들은 온통 붉은 물감을 뿌려 놓은 듯 울긋불긋한 홍엽으로 가득합니다. 산으로 가는 길목마다 단풍 구경을 나선 차량이 꽃을 찾아 몰려든 나비처럼 가득한 가을입니다.

곡식들은 따사로운 햇살 아래서 황금빛으로 치장하여 농부를 유혹했던 것입니다. 농부가 자신들을 거둬서 따사로운 봄날까지 지켜 주고 또여기저기로 세상 나들이를 시켜 주기를 학수고대했는지도 모릅니다. 곡식들은 자신을 농부에게 아낌없이 내줌으로써 존재 가치를 찾고 있습니다. 곡식은 인간들의 손을 빌려 다음 생을 기약할 수 있고 또 후손을 사방 천지로 보낼 수 있습니다. 농부가 풍성한 수확의 기쁨에 도취

되어 있는 사이에 식물들은 농부의 손을 빌리고 있는 것입니다.

아름다운 단풍은 자신을 비우는 과정입니다

만산의 홍엽도 봄과 여름 내내 입었던 옷을 벗을 채비를 하고 있습니다. 벌거숭이 몸뚱아리를 치장한 싱싱한 연두색 옷과 여름 내내 무더위를 식혀 준 초록 옷이 좋다고 겨울에도 입고 있을 수 없는 것을 알고 있습니다. 울긋불긋 아름다운 단풍은 자신을 비우는 과정입니다. 이른 봄 자신을 치장해 준 싱싱한 연두색 잎도, 무더위를 식혀 준 고마운 초록 잎도 훌훌 털어 버려야 겨울을 견딜 수 있고 또 새로운 봄을 맞을 수 있기 때문입니다.

이뿐이 아닙니다. 배추밭에는 사마귀 한 쌍이 뒹굴고 있습니다. 자세히 보니 수컷은 몸통만 보입니다. 교미가 끝난 후 암컷이 수컷의 머리통을 잘라 먹은 것입니다. 암컷이 산란을 잘하도록 수컷은 암컷에게 자신의 몸을 희생한 것입니다. 어떻게 이런 부성애가 있을 수 있을까 생각해 봅니다. 사실, 부성애의 지존은 황제펭귄입니다. 황제펭귄은 암컷 펭귄이 알을 낳으면 수컷이 알을 품어서 부화를 시킵니다. 세찬 바람과 영하 50~60도의 얼음 위에서 두 달이 넘게 수컷 펭귄은 먹지도 못한 채 알이 얼음 바닥에 떨어질까 노심초사하면서 알을 부화시킵니다. 새끼 펭귄이 부화되면 수컷 펭귄은 대부분 지쳐서 죽는다고 합니다. 수컷 펭귄의 부성애는 상상을 초월합니다. 흉내 낼 수 없는 펭귄의

지고지순한 부성애는 가슴을 찡하게 합니다.

환경의 변화를 순응하며 때로는 극복하는 자연의 오묘함은 신비롭기
만 합니다. 봄이 되면 겨우내 꽁꽁 얼어붙었던 땅을 헤집고 싹을 틔우
고, 뜨거운 여름에는 싱싱한 잎으로 더위를 식히고 가을이 되면 형형색
색으로 맵시를 한껏 뽐내지만, 그렇다고 그 뽐내던 맵시조차 때가 되면
한순간에 모두 내어 줍니다. 추운 겨울을 나기 위해 또 새로운 봄을 맞

이하기 위해 하나도 남김없이 훌훌 털어 버립니다. 수컷 사마귀는 암컷 사마귀가 산란을 잘하도록 몸을 내어 주고, 수컷 펭귄은 추위 속에서 알이 얼음 바닥에 떨어지지 않도록 먹지도 못한 채 온몸으로 알을 부화시킵니다. 사랑의 진수이고 부성애의 결정체입니다.

두려움의 근원은 무지와 사랑이 없기 때문입니다

인간도 자연의 일부입니다. 자연은 우리에게 시시각각으로 삶의 지혜를 알려 주고 있습니다. 이 가을에 식물들은 우리에게 비우고 내어 주는 삶을 몸소 보여 주고 있습니다. 자신의 에고로 키워 온 지나친 두려움과 욕심을 내려놓을 때 우리는 진정한 자유인이 될 수 있습니다. 두려움의 근원은 무지와 사랑이 없기 때문입니다. 미래를 알 수 없기에 두려움을 갖고 자신이 만든 에고 때문에 사랑을 모르고 삽니다. 사실은 모르는 것이 아니라 알면서도 겹겹이 쌓은 두려움과 욕심을 내려놓으려는 용기가 없기 때문일 것입니다. 우리는 맨손으로 왔고 수의에는 주머니가 없다는 것도 알고 있습니다. 진정한 자유인이 되겠다고 예수를 믿고 부처를 따르지만, 예수나 부처가 실행한 사랑은 외면하고 있는 것입니다. 식물들이 벗어 버림으로써 겨울을 나는 것도 잘 알고 있습니다. 우리가 두려움에서 벗어나 자유인이 되는 길은 내어 주고 나눔과 사랑을 실천하는 용기에 달려 있습니다. 결실의 계절에 얻은 진정한 수확은 참된 자유인이 되는 길을 발견한 것입니다. 황금 들판을 가득 채

웠던 곡식들과 만산을 물들인 홍엽은 우리에게 자유인이 되려면 자신의 에고로 만든 두려움과 욕심을 내려놓고 자연처럼 환경에 순응하라고 말하고 있습니다.

감자야! 고마우이

무엇이 그리 바빴는지 긴 여행과 바쁜 일상으로 오랜만에 밭에 나갔습니다. 말 그대로 밭은 쑥대밭이 되었습니다. 주인 없는 밭에 키 큰 명아주가 대장이 돼 온 밭을 점령해 버렸습니다. 저는 종일 명아주와 한바탕 씨름을 한 후에야 밭을 되찾을 수 있었습니다. 밭은 되찾았지만, 겨우내 자란 마늘도 봄에 심은 대파와 강낭콩도 온데간데없습니다. 대파도 강낭콩도 모두 명아주의 기세에 눌려 일찌감치 사라져 버렸습니다.

허탈한 제게 위안을 준 것은 울퉁불퉁한 감자입니다. 멀칭 비닐 속에 손을 넣었더니 어린아이 조막만 한 것들이 손에 잡힙니다. 손에 힘을 주니 싱싱함이 손결에 와 닿습니다. 조심스레 몇 개를 꺼내다가 소금을 조금 넣고 물에 삶으니 터져 나온 하얀 속살이 군침을 돌게 합니다. 꿀맛이 따로 없습니다. 긴 장마철도 그 무더위도 명아주의 위세에도 버틴 감자가 고맙기만 합니다. 감자 네가 나를 위로할 줄이야. '울퉁불퉁 못생겼다고 한 것 미안하구나. 네 하얀 속살은 백옥같이 아름답구나.'

감자를 북쪽에서 온 고구마라고 해서 북감저라 불렀습니다

감자가 우리나라에 들어온 것은 200년 전, 1824~1825년입니다. 감자가 처음 들어왔던 관서 지방에서는 감자를 북쪽에서 온 고구마라고 해서 '북감저'라고 불렀습니다. 그러다가 감저, 감서라고 불렸던 고구마가 고구마로 불리면서 북감저는 감자라는 이름을 얻었습니다. 김동인의 소설 「감자」(1925)에서 말하는 '감자'는 고구마를 부르는 말입니다. 현재도 제주도에서는 고구마를 '감저'라고 부르고, 감자는 '지슬'(地實, 지실)이라고 부르기도 합니다.

감자의 운명은 참으로 기구합니다. 특히 유럽에서 감자는 파란만장한 삶을 살았습니다. 1542년 잉카문명을 멸망시킨 스페인 원정대에 의해 유럽으로 들어온 감자는 가축이나 미개한 원주민이 먹는 음식이라며 식탁에 오르지 못했습니다. 점이 박힌 울퉁불퉁한 감자의 겉모양은 당시 유행하던 천연두를 연상시켜 편견을 부채질했습니다.

감자의 수모는 이것이 끝이 아닙니다. 1630년 프랑스의 브장송 의회가 감자를 먹으면 나병에 걸린다며 감자 재배를 금지할 정도로 유럽에서 모진 수난을 받았습니다. 바보를 뜻하는 '포테이토 헤드(potato head)'나 이러지도 저러지도 못하는 곤란한 뜻의 '뜨거운 감자(hot potato)'는 감자의 수난사를 엿보게 합니다.

감자의 파란만장은 유럽의 역사를 바꿉니다

하지만 거듭되는 전쟁과 흉작으로 '악마가 먹는 음식'으로 알던 감자는 주식으로 격상됩니다. 1774년 프로이센에 대흉작이 발생하자 프리드리히 2세는 감자를 심으라는 명령을 내립니다. 편견에 사로잡힌 농민들은 여전히 감자 심기를 거부하지만, 왕은 꾀를 내어 "감자는 귀족만이 먹을 수 있다."고 선포하고 근위병으로 하여금 감자밭을 지키게 하였습니다. 농부들이 감자를 훔쳐 심기 시작하면서 감자 재배가 일반화되었고, 더욱이 감자는 산업혁명 이후 농촌을 떠난 노동자를 굶주림에서 해방시키면서 유명세를 탔습니다.

감자의 파란만장은 유럽의 역사를 바꾸게 하였습니다. 바로 1841~1845년에 인구 8백만 명 중에 백만 명이 굶어 죽고 백만 명이 이민을 떠나게 만든 감자 역병입니다. 감자는 종자가 아닌 영양체로 번식하다 보니 전염병에 취약합니다. 더군다나 당시 식량난이 심각한 아일랜드에서는 동일한 땅에서 같은 품종을 연이어 재배하다 보니 역병이 만연하여 대참사를 맞았습니다.

감자는 벼, 밀, 옥수수와 함께 세계 4대 작물에 속합니다. 추운 지역에서도 재배 가능하며 해발 4,000미터 고산지대에서도 잘 자랍니다. 척박한 땅에서도 산성 토양에서도 잘 자라며 심지어 3개월이면 수확할 수 있습니다. 18세기 기아의 공포에서 유럽인들을 구한 작물입니다.

고구마와 함께 땅속에서 자라는 구황작물로 인류의 식량난을 해결할 수 있는 고마운 작물입니다.

감자는 영양 성분도 풍부합니다. 마그네슘과 칼륨 함량이 높아 근육을 부드럽게 이완시키고 혈류를 원활하게 하여 몸에 쥐가 날 때 감자만 한 식품이 없습니다. 특히 소화력이 뛰어나며 아래로 처진 기운을 끌어올리는 한약재(마령서馬鈴薯)로도 쓰입니다.

남미가 고향인 감자는 유럽에서도 아시아에서도 전 세계에서 인기를 누리고 있습니다. 21세기 극심한 기후 변화에 인류를 구할 작물임에 틀림이 없습니다. 올해 제게 큰 위안을 준 감자. 이제 전 세계 인류에게 희망을 줄 차례입니다. '감자' 그대에게 인류의 식량난 해소를 기대해 봅니다.

줄탁동시의 미학

　제가 늘 마음에 새기고 기억하는 단어 중 하나가 '줄탁동시'라는 사자성어입니다. 계란이 스스로 깨어나지 못하면 누군가의 밥상에 프라이 감이 될 수 있습니다. 급변하는 세상에 적응하기 위해 늘 제 자신을 채근하면서 성실히 살았습니다. 세상의 변화를 따르지 못하면 문맹인이 되기 십상이고, 준비되지 않으면 줄탁동시가 이뤄지지 않기 때문입니다.

　'줄탁동시'란 송(宋)나라 《벽암록》에 나오는 단어입니다. 어린 병아리가 알 속에서 벗어나기 위해 연약한 부리로 알을 긁으면서 소리를 낼 때(啐: 빨 줄) 밖에서 병아리가 깨어나기를 기다리던 어미 닭이 동시에 알을 쪼아서(啄: 쫄 탁) 알 속의 병아리가 알에서 깨어나게 하는 행위입니다. 알 속의 병아리는 21일을 기다려야 하는데 성급한 어미 닭이 보름 만에 껍질을 깬다면 어떻게 될까요? 산길을 걷던 워킹맘이 번데기에서 벗어나려는 어린 나방이 가여워 손으로 번데기 껍질을 조심스럽게 벗겨 주었더니 쉽게 깨어나올 줄 알았던 나비는 껍질에서 나오자마자 힘겨워하다가 결국 죽고 말았다고 합니다. 줄탁동시는 안과 바깥, 나와 세상이 일치할 때라야 이뤄집니다.

정자와 난자의 기막힌 줄탁동시가 이뤄져야 한 생명이 태어납니다

줄탁동시는 동물 세계에서만 아니라 식물 세계에서도 마찬가지입니다. 식물이 줄탁동시를 한다고? 그렇습니다. 오이가 익으면 꼭지가 저절로 떨어진다는 뜻의 '과숙체락(瓜熟蔕落)'은 식물의 줄탁동시라고 할 수 있습니다. 오이가 익었는데도 그냥 달려 있으면 영양분이 부족해져서 새로운 오이를 갖지 못합니다. 씨앗을 뿌리면 수분이 있어야 싹을 틔울 수 있습니다. 수분이 없으면 적당한 수분이 공급될 때까지 씨앗은 가만히 기다리고 있습니다. 꽃을 피워도 바람이 불지 않거나 벌과 나비가 없다면 열매를 맺을 수 없습니다. 곡식이 익으면 고개를 숙입니다. 고개를 숙이지 않으면 강한 햇빛과 비바람에 곡식은 큰 손실을 볼 것입니다. 바로 씨앗과 자연이, 꽃과 나비가 곡식과 자연의 줄탁동시인 것입니다. 우리 인간 세상도 마찬가지입니다. 정자와 난자의 기막힌 줄탁동시가 이뤄져야 한 생명체가 잉태되며, 우리의 삶 역시 부모와 또 동료와 조직과의 줄탁동시가 돼야 성장할 수 있을 것입니다.

제가 줄탁동시라는 단어를 좋아하게 된 사건이 있습니다. 대학 시절

에 중국 민항기가 춘천에 불시착하였습니다. 100여 명의 중국인들을
면담하고 조사해야 하는 당국은 중국어 통역이 가능한 사람들을 급히
모집하였습니다. 가까이 지내던 하숙집 친구는 불시착한 중국인들을
안내하고 통역하면서 인연이 되어 '86아시안 게임과 '88 올림픽 때 봉
사활동을 보람 있게 하였습니다. 또 한중 수교 후에 직장을 골라서 갈
수 있었습니다. 그 당시는 중국과 교류가 없던 터라 중국어 인기가 없

없던 시절이었지만 그 친구는 전공 공부를 성실히 한 탓에 갑자기 찾아온 기회를 놓치지 않고 잡을 수 있었습니다.

학창 시절에 겪은 중국 민항기 불시착은 제게 줄탁동시의 필요성을 강하게 심어 주었습니다. 우리는 한 치 앞을 내다볼 수 없습니다. 비록 현실은 짙은 구름에 싸여 어둡고 막막할지언정 구름 위의 창공은 밝은 태양이 있듯이 누구든지 언젠가는 기회가 다가오게 마련입니다. 그 기회를 잡으려면 지금 준비돼 있어야 합니다. 줄탁동시는 타이밍이고 준비된 사람만이 그 타이밍을 잡을 수가 있습니다. 중국 민항기 불시착은 저를 성장시키고 깨어 있도록 한 큰 계기였습니다.

줄탁동시의 오묘함은
기다림의 미학이자 변화의 결과입니다

최근의 경제 사정은 전 세계적으로 위축 사이클에 접어들었습니다. 게다가 로봇과 인공지능이 많은 일자리를 빼앗고 있습니다. 청년들은 직장 구하는 것이 더욱 어려워지고 있습니다. 대학 졸업 후 직장을 잡으면 신의 자식이냐고 부러워하는 세상입니다. 비록 취직이란 관문을 뚫기가 하늘의 별 따기보다 어렵다 하더라도 결국 준비된 사람은 그 관문을 뚫을 수 있습니다. 줄탁동시의 오묘함은 기다림의 미학이자 변화의 결과입니다. 알 속의 병아리가 새로운 세상을 만나기 위해서는 21일을 기다렸다가 자신의 세상을 과감히 깨고 나와야 하듯이 기다려야 할 때가 있고 또 행동해야 할 때가 있습니다. 무엇이든 새로운 것을 얻으려면 성경 속의 열 처녀처럼 기다려야 합니다. 하지만 기름을 준비한 지혜로운 다섯 처녀처럼 그 값에 걸맞은 옷을 입고 기다려야 할 것입니다. 그 옷을 만드는 것은 각자의 몫입니다. 누가 봐도 탐나는 멋지고 아름다운 옷을 만드는데 게으르지 말아야 합니다. 줄탁동시의 기회는 누구에게나 열려 있게 마련입니다. 중요한 것은 기회가 왔을 때 기회를 잡을 수 있는 역량을 키우는 것입니다.

옥수수는 어떻게 세상을 정복했나?

인류 역사상 가장 넓은 영토를 차지한 지도자는 몽골제국을 건설한 칭기스칸입니다. 칭기스칸이 점령한 땅은 중부 유럽에서 한반도까지 유라시아대륙 3천만㎢로 알렉산더 대왕이 다스린 면적의 열 배에 가깝습니다. 하지만 칭기스칸 보다도 더 영토를 점령한 생명이 있습니다. 바로 옥수수입니다. 옥수수는 원산지인 북아메리카에서 시작하여 열대지방인 아프리카와 러시아까지 6개 대륙 어디든 점령하지 않은 땅이 없습니다.

옥수수는 어떻게 그 넓은 대륙을 점령하였을까요? 그 비밀은 장구한 역사에서 터득한 옥수수의 생존전략에서 찾을 수 있습니다. 1만여 년 전에 북아메리카 산악지방에서 뿌리 내린 옥수수는 마야문명과 아즈텍문명을 꽃 피웠습니다. 마야 민족은 옥수수를 조상처럼 여겼습니다. "신이 처음에 진흙으로 사람을 만들었으나 진흙으로 만든 인간은 비가 오면 허물어지고 온전하지 못했다. 신은 다시 나무로 인간을 만들었으나 나무로 만든 인간은 영혼이 없었다. 실망한 신은 고민 끝에 옥수수가루로 인간을 만들었다. 신은 만족했다." 마야 민족에게 전해져 오는 뽀뽈 부(Popol vu) 신화입니다. 옥수수로 만든 인간이 마야인들의 조상입니다. 마야인들은 옥수수를 조상처럼 여기며 옥수수와 동고동락했습니다. 지금도 북미에서는 옥수수를 '거룩한 어머니'로 부르는 이유를 알 것 같습니다.

유럽에 정착한 지 반세기 만에
중동과 아프리카와 아시아를 정복했다

아메리카에서 태어난 옥수수는 500여 년 전 콜럼버스라는 탐험가에 이끌려 생각지도 않았던 낯선 유럽 땅에 첫발을 내디뎠습니다. 지난 9천 년 넘게 수많은 역경 속에서 단련되었기에 비록 내키지 않은 강제 이주였지만 유럽의 시집살이는 순탄했습니다. 비록 처음엔 환대받지 못하고 울타리에 정원지기로 머물렀지만, 함께 동행한 감자라는 친구가 못생겼다고, 울퉁불퉁 천연두 같다고 천대받고, '포테이토 헤드(potato head)'니 '뜨거운 감자(hot potato)'라고 모진 수모를 겪은 것에 비하면 옥수수는 호강한 케이스입니다. 유럽에 정착한 지 반세기 만에 중동과 아프리카, 아시아를 정복했으니 그 속도도 과히 기록적입니다. 뿐만이 아닙니다. 21세기 오늘날에도 최고의 전성기를 누리고 있습니다.

그 비결은 토질과 환경을 가리지 않고 어디서나 잘 자라는 환경 적응성과 회복력이 대단히 뛰어나기 때문입니다. 또 다른 이유는 다산성,

수확량이 풍부하기 때문입니다. 같은 화본과인 벼와 밀은 한 톨에서 50~60배의 자녀를 생산하지만, 옥수수는 불과 3~4개월 만에 수백 배의 자식을 낳습니다. ha당 수확량도 밀이 3,500kg인데 비해 옥수수는 5,800kg을 생산합니다.

인기 비결은 이것만이 아닙니다. 변신의 폭이 무궁무진합니다. 생으로도 먹을 수 있으며, 통째 쪄서도 먹고, 통조림에도 제격입니다. 가루로 변신하여 주식으로 인기를 누리고, 연인들에겐 팝콘으로 다가가고, 우유와 궁합이 좋다며 어린이들에게는 시리얼로 인기입니다. 누구에겐 식용유로 누구에겐 액상과당으로 팔려 가고 또 압착하니 바이오 에너지로 변신합니다. 발효시키니 위스키(버번위스키, 테네시 위스키)로 변신하고, 이제 세계적인 음료인 맥주에도 옥수수가 많이 들어가고 있습니다. 심지어 공업용 접착제를 만드는데도 옥수수를 넣습니다. 사육하는 가축들은 옥수수 없는 세상은 생각할 수도 없을 만큼 온전히 옥수수에 의존하고 있습니다.

미인박명이라고 하였듯이
수백 종의 옥수수 품종이 사라지고 있습니다

옥수수의 변신은 끝이 없습니다. 우리나라에서는 옥수수떡과 옥수수빵으로도 인기이고 이제는 수염을 끓인 옥수수수염차도 인기입니다. 심지어 잇몸을 치료하는 인사돌이라는 약제로도 변신하였습니다. 최근에는 분해가 빠른 플라스틱으로 변신 중입니다. 요술 방망이도 이런 방망이는 없을 것입니다. 금세기에 이보다 인기 있는 것이 또 있을까 싶습니다.

세계적으로 전무후무한 인기 탓에 GMO(유전자 변형 작물)라는 덫에 걸렸습니다. 더 많고 더 강하고 더 풍부하다는 이유로 너도나도 GMO를 찾습니다. 미인박명이라 했는데 이미 수백 종류의 다양한 옥수수 품종이 소리 없이 사라지기 시작했습니다. 안타까운 일입니다.

우리의 몸은 절반이 옥수수라고도 합니다. 알게 모르게 옥수수가 몸 속 깊이 파고들었습니다. 쇠고기, 돼지고기 등 육류와 계란은 옥수수의 분신과 같은 존재입니다. 뿐만 아니라 전분으로, 식용유로 액상 과당으로 일상화됐습니다. 액상과당은 과자로 시리얼로 거의 모든 인스턴트 식품에 필수 요소가 되었습니다. 옥수수에 대한 인간의 기대는 GMO라는 괴물을 만들었습니다. 우리의 기대에 부응해 GMO는 옥수수를 더 강하게 더 풍부하게 만들었습니다. 과연, GMO 옥수수는 신의 축복일까요? 악마의 저주일까요?

인재가 부른 대기근의 역사

한때 중국은 소련의 연해주에서 20여만 마리의 참새를 수입한 적이 있습니다. 왜 하필이면 참새를 수입했을까요? 영국의 경제를 따라잡자며 대약진 운동을 펼친 마오쩌둥은 수확기에 곡식을 쪼아먹는 참새를 악으로 규정하여 참새 박멸 운동을 펼칩니다. 1958년 한 해에 잡은 참새만 2억 1천만 마리라고 합니다. 참새가 사라지니 대신 메뚜기와 해충이 창궐하게 됩니다. 이듬해 수확 철이 되었지만 곡식을 모두 메뚜기와 해충들이 차지하는 바람에 역사상 최악의 기근을 맞습니다. 이 기간에 무려 굶어 죽은 사람이 4천5백만 명이 넘었다고 합니다. 참새를 박멸하여 식량 증산을 도모하려던 마오쩌둥의 계획이 오히려 대참사를 빚자, 마오쩌둥은 자신의 과오를 숨기고자 긴밀히 흐루쇼프(후르시쵸프)에게 요청하여 참새를 수입하게 된 배경입니다.

중국에 앞서 구 소련 시절 스탈린 정권도 '소련의 고난의 행군, 대 약진 운동'으로 불리는 대기근을 경험합니다. 우크라이나 대기근의 참사를 한편에서는 홀로도모르(Holodomor : 기아를 통한 대량 살인)라고 전해지고 있습니다. 스탈린은 신경제정책(NEP)으로 느슨해진 식량 생산 때문에 도시 노동자들의 불만이 증가하자 사회주의적 집단 농장을 도입합니다. 소비에트연방 중에서 토지가 비옥하고 곡물 생산량이 풍부한 우크라이나는 자영농(쿨라쿨)의 영향력이 강했는데, 이들 쿨라크(자영농)들이 소련 정부의 집단 농장 정책에 반대하면서 생산성이 바닥까지 떨어졌습니다.*

자영농들이 어차피 빼앗길 농사를 짓느니 농사지을 소와 말 등 가축마저 잡아먹는 바람에 집단 농장의 생산성이 재앙적인 수준으로 내려가자, 스탈린은 어쩔 수 없이 곡물 수탈 계획을 대대적으로 축소합니다. 하지만 집단 농장이 도입되면서 농사지을 가축이 사라지고 영농 기술과 생산 시스템이 망가져 버린 까닭에 우크라이나의 경우 수탈량을 계획량 보다 3분의 1까지 줄였는데도 최악의 상황을 피할 수 없었습니다. 1932~1933년 우크라이나에서 굶어서 죽은 사람의 수가 최소 1,100만 명에서 많게는 1,500만 명에 이른다고 러시아의 작가 알렉산드르 솔제니친이나 하버드 대학교의 니얼 퍼거슨 교수, 스탈린의 대숙청을 연구한 로버트 콘퀘스트 등 학자들은 주장하고 있습니다.

스탈린의 집단 농장 정책이 부른 재앙은 우크라이나뿐만이 아닙니다. 같은 시기에 중앙아시아에 위치한 카자흐스탄의 참사*는 우크라이나의 홀로도모르보다도 더 참혹했다고 볼 수 있습니다. 특히 카자흐스탄은 1919년 러시아 내전 시 입은 대기근이 미처 회복하지 않은 상태에서 다시 재앙을 맞았습니다. 1930~1933년 카자흐스탄 대기근으로 인한 사망자 수는 150만 명에서 230만 명 정도로 알려져 있지만, 인구 비율로 따지면 카자흐스탄 인구의 1/3이 사라져 버린 것입니다. 카자흐스탄의 인구는 1926년 362만 명에서 1937년 237만 명으로 감소해 버렸고 스탈린은 그 자리를 러시아인과 우크라이나인, 독일계 러시아인, 크림 타타르인, 체첸인, 고려인들로 채워 버렸습니다.

대기근의 참사는 카자흐인의 민족 공동체 문화가 아예 뿌리째 뽑혀 버리다시피 했습니다. 대기근이 일어나기 직전까지 카자흐인의 인구는 우즈벡인과 비슷했지만, 대기근이 카자흐스탄에서 집중적으로 벌어지며 카자흐인의 인구가 우즈벡인에게 훨씬 뒤처지게 되었고 그 여파는 지금까지 이어지고 있습니다. 카자흐스탄의 대기근은 농업 집단화를 주도해 대기근을 불러일으킨 서기장 필리프 골로쇼킨의 이름을 따 골로쇼킨 제노사이드(Голощекиндік геноцид / Goloşekind ı k genotsid)라고도 합니다.

인류가 스스로 초래한 재앙은
인간애를 말살하고 공동체를 해체합니다

대기근은 화산 폭발이나 가뭄과 홍수 등 자연재해로 인한 기근도 많지만, 전쟁을 비롯한 인류가 스스로 초래한 재앙은 인간애를 말살하고 공동체를 해체하는 등 훨씬 더 큰 피해를 초래합니다. 그 대표적인 사례가 1941년 2차 세계대전 당시에 나치 정권이 소련의 북부 공업도시

레닌그라드를 900일간 봉쇄한 고사 작전입니다. 최정예 군단을 이끈

독일군은 빠르게 레닌그라드로 진격하였지만, 시민들의 결사 항전에

부닥치자 노인과 부녀자와 어린이를 앞세우고 도시를 포위하여 하루에

4천 명에서 많게는 만 명씩 굶겨 죽게 만들었습니다. 굶주린 레닌그라

드 시민들은 먹을 수 있는 것은 모두 섭취했다고 합니다. 가죽 구두나 혁띠를 물에 불려서 먹기도 하고 고양이와 쥐도 잡아먹고 심지어 인육을 먹고 인육을 거래하였다고도 합니다. 전쟁이 초래한 끔찍한 기아는 인면수심의 모습 그대로였습니다. 어떤 경우이든 이 세상에서 전쟁은 사라져야 합니다.

조선시대에 5년에 한 번꼴로 100회가 넘는 기근이 있었습니다

기근은 먼 나라 이야기가 아닙니다. 우리나라도 조선 시대에만 5년에 한 번꼴로 100회가 넘는 기근이 있었으며, 심지어 100만 명이 넘는 사망자를 기록한 대기근이 2차례나 있었습니다. 임진왜란이나 병자호란 때보다도 더 참혹했다고 하는 경신대기근(1670~1671년)과 을병대기근(1695~1699년)*입니다. 뿐만 아니라 찬란했던 발해국의 멸망 원인도 10세기 초 이상 한파로 인한 기근 때문이었다고 최근 알려지고 있습니다.(《당나라와 마야문명의 멸망 원인은 가뭄이다》, 독일의 포츠담 지질학연구소, 2007년)

러시아와 우크라이나 전쟁으로 한때 국제 곡물 가격이 폭등하였습니다. 더욱이 최근의 전 세계적인 기후 환경 변화는 지구촌 먹거리를 더욱 불안하게 하고 있습니다. 인류 역사상 전쟁이나 큰 문제의 근원은 식량에서 기인한다고 해도 과언이 아닙니다. 굶주림과 기근, 식량 문제는 언제든지 터질 수 있는 시한폭탄과 같습니다. 그 어느 때보다도 식량안보의 중요성이 커지고 있습니다. 먹거리에 대한 대비는 국가의 책무이기도 하지만 국민 모두가 농업의 소중함을 깨닫고 농촌을 사랑하고 농업인을 응원해야 합니다. 식량주권은 우리의 손에 달려 있기 때문입니다.

* 네이버 나무위키, 위키백과, 굿모닝충청(https://www.goodmorningcc.com)

고구마! 네게 부탁한다

검붉은 줄기를 잡아당기자 탐스런 고구마가 서너 개씩 매달려 나옵니다. 많게 달린 것은 대여섯 개도 붙어 있습니다. 올 여름철 무더운 날씨에도 고구마는 아랑곳없이 풍성한 수확을 가져다주었습니다. 날씨도 화창하니 고구마에 묻은 흙을 훌훌 털어내고 햇살에 그냥 두었습니다. 상처 부위를 말려야 오래 보관할 수 있기 때문입니다. 고구마는 땅속에서 자란 감자와는 차이가 있습니다. 우선 감자는 줄기가 자란 것이고 고구마는 뿌리가 자란 것입니다. 감자는 생으로 먹지 못하지만 고구마는 생으로도 먹을 수 있습니다. 감자는 수확 후 햇볕을 보지 않도록 해야 하나 고구마는 햇볕에 한나절 건조시켜야 저장이 잘됩니다. 감자는 수확 후 바로 삶아 먹으면 맛있지만, 고구마는 추운 겨울에 호호 불면서 먹을 때 더 맛있습니다.

고구마를 수확하면서 제 머리에는 오븐에 구운 맛있는 고구마가 아른거립니다. 시골서 자란 저는 고구마에 얽힌 추억이 많습니다. 소죽을 끓인 아궁이에 고구마 서너 개를 묻어 둡니다. 신나게 뛰어놀다가

아궁이를 뒤져서 절반은 까맣게 탄 뜨거운 고구마를 후후 불면서 먹었던 추억은 잊을 수 없습니다. 추운 겨울철 긴 밤 화롯불에 구워 먹는 군고구마는 별미입니다. 우리 가족들의 고구마 사랑은 별난 편입니다. 아버지는 화롯불에 구워 먹는 밤고구마를 좋아하셨고 어머니는 김칫국과 함께 먹는 찐 고구마를 좋아하셨습니다. 집사람은 오븐에 구운 호박고구마도 좋아하지만, 고구마순 김치를 더 좋아합니다. 저는 고구마를 얇게 썰어 프라이팬에 기름을 두르고 노릇노릇하게 구운 고구마가 제일 맛있습니다.

고구마에 얽힌 아픈 추억도 새록새록 합니다. 초등학교 때였습니다. 아버님께서 비가 올 것 같으니 오늘은 학교에 빠지고 고구마를 캐자고 하셨다. 하지만 저는 아버님 말씀을 어기고 학교에 다녀왔습니다. 다행히 비가 오지 않아서 고구마 수확은 무난히 마쳤지만 아버님은 화가 안 풀리셨는지 "너는 고구마 먹을 자격이 없다."고 하셨습니다. 제가 고구마를 좋아하는 것을 아시기에 그만하면 큰 벌이라고 생각하셨던 것입니다.

고구마가 한반도에 처음 들어온 것은 통신사로 일본에 갔던 조엄이 1764년 귀국길에 쓰시마 섬에서 구해온 것이 처음이라고 기록돼 있습니다. 하지만 조엄이 들여온 고구마가 썩어서 싹을 틔우지 못하자 이를 안타깝게 여긴 동래부사 강필리가 쓰시마 섬에 사람을 보내서 고구마를 다시 가져오게 하여 동래와 영도에 심은 것이 고구마 생의 시작입니다.

달콤한 마의 뿌리라고 해서 감저, 효자마라 불렸습니다

고구마는 쓰임새만큼이나 이름도 다양합니다. 조엄이 쓴 해사일기에는 '감저'라고 기록돼 있습니다. 달콤한 마의 뿌리라 해서 감저·효자마(孝子麻)라 불렸는데, 남쪽에서 들어왔다고 하여 남저, 오랑캐 나라에서

들어왔다고 하여 번저, 빛깔이 붉다고 하여 주저라고도 불렀습니다. 지금도 제주와 전남 도서 지방에서는 고구마를 감자로 부른다고 합니다. 고구마보다 조금 늦게 들어온 감자에게 이름마저 넘겨주고 효자마(孝子麻)의 일본어 발음인 고시마(こうしま)에서 딴 고구마로 살게 되었습니다.

고구마 역사에서 빼놓을 수 없는 곳이 제주입니다. 일제강점기 일본제국은 무수 알코올을 얻기 위해 1937년 '고구마증산장려계획'을 수립하고 제주도민 총동원령까지 내렸습니다. 그 결과 제주도의 고구마 재배면적은 1913년 600ha에서 1938년 7,357ha로 12배 이상 증가하였습니다. 이후에도 제주도의 고구마 재배는 지속적으로 증가하여 국내 가공용 고구마 산업을 주도하였습니다.

'80년대 소득이 늘면서 가난의 대명사로 여기던 고구마 소비도 줄고 주정용 고구마와 전분이 수입되면서 국내 고구마 산업은 위축되었지만, 최근 다양한 고구마 품종 개발과 건강식으로 인기가 되살아나 고구마 산업은 활기를 띠고 있습니다. '22년 기준 국내 고구마 생산량은 33만 톤, 생산액은 7천억 원을 넘는 소득 작목으로 자리매김하고 있습니다. 특히 10a당 농가 소득은 2,080천 원으로 벼, 밀, 콩 등 주요 식량작물 중에서 가장 높습니다.

뿌리, 줄기, 잎 등 버릴 것이 하나 없는 고구마는 대표적인 알칼리 식품으로 탄수화물, 단백질, 식이섬유, 칼슘과 비타민 등 다양한 영양소를 포함하고 있으며, 안토시아닌, 베타카로틴 등 기능성 성분이 부각

되면서 건강식품으로 가치가 재평가되고 있습니다. 미국의 식품영양 운동단체인 공익과학센터(CSPI)에서는 건강식품 10가지 중에서 고구마를 첫 번째로 선정하기도 하였습니다. 한 연구에 따르면 보라색 고구마는 블루베리보다 항산화 활성이 3배 이상 높다고 보고하였습니다. 고구마의 필수아미노산과 항산화 성분은 항암은 물론 몸의 손상과 노화를 늦추고 혈중 콜레스테롤을 강화하는 약리적 효능을 인정받고 있습니다.

고구마는 감자, 옥수수와 함께 세계 3대 구황작물입니다

고구마의 농학적 가치는 따로 있습니다. 황무지나 개천, 산간지 등 척박한 땅에서도 재배할 수 있으며, 농약이 필요 없는 친환경 재배가 가능한 환경 적응력이 뛰어난 작물입니다. 심은 후 수확까지 특별한 일손이 필요 없는 소위 가성비 좋은 작물입니다. 무엇보다도 감자, 옥수수와 함께 세계 3대 구황작물인 고구마는 아열대 작물이라 기후 온난화에 대응할 수 있는 작물로 그 잠재력과 가치가 매우 높습니다. 최근 우간다, 나이지리아, 탄자니아, 인도네시아 지역에서 재배가 늘어나고 있는 것이 그 반증입니다.

팔방미인 '고구마' 260년 전 이 땅으로 보쌈당한 네 처지 충분히 이해한다. 하지만 너는 한반도에서 많은 사랑을 받았다. 최근, 네 몸값이 사과보다도 후하다. 이제 이 땅에서 보람된 역할을 할 때가 되었구나.

최근 지구별은 기후 변화에 몸살을 앓고 있단다. 기온은 점점 뜨거워지고 식량난은 더욱 불안한 처지란다. 세계적인 기후 온난화 시대를 맞아 네 때가 왔다. 식량으로서 또 산업 소재로서, 약용으로서 네 역량을 보여다오, 팔방미인 고구마! 너를 믿는다.

막걸리와 빈대떡

    가을비가 며칠째 주룩주룩 내립니다. 천고마비의 계절이라는 가을답지 않은 날씨입니다. 광주와 부산 등 남부 지방은 많은 비가 내려서 피해가 발생하였다고 합니다. 날씨가 예전 같지 않아서 걱정도 되지만, 중국 상하이 지역의 홍수나 미국의 태풍, 사막 지역 두바이의 홍수 사태에 비하면 다행입니다. 하지만 황금 들판의 곡식들이 비바람에 쓰러지지 않을까 걱정이 앞섭니다. 이런저런 생각을 하다가 "돈 없으면 빈대떡이나 부쳐 먹지" 〈빈대떡 신사〉 노랫가락에 생각이 닿자 갑자기 배가 출출해집니다. 이심전심일까요? 집사람이 부추전이나 부쳐 먹자고 합니다. 빗소리와 함께 지글지글 부추전 굽는 소리가 구미를 당깁니다. 바늘 가는 데 실 간다고 부추전에 막걸리를 마시면서 주룩주룩 내리는 빗소리에 취해봅니다.

    비 오는 날 부쳐 먹는 부추전과 막걸리는 유난히 맛있습니다. 왜 그럴까요? 우리 민족은 궁금한 것은 못 참는 민족입니다. 이미 과학적으로 그 원인을 밝혀냈습니다. 비가 오면 기분이 우울해지고 느슨해지는

데 이때 밀가루 전분을 기름에 지진 음식을 먹으면 혈당이 올라가 컨디션이 업 된다는 것입니다. 또 다른 주장은 빗소리와 전을 부칠 때 나는 자글자글 소리가 같은 데다가 고소한 냄새가 오감을 자극하기 때문이라고 합니다. 사실 우리 조상들도 비 오는 날 빈대떡을 즐겨 먹었다고 합니다. 비가 내리면 농삿일을 할 수 없으니 옹기종기 모여서 밀가루 반죽에 대파나 부추를 썰어 넣고 지진 전과 막걸리로 허기를 달랬다고 합니다.

빈대떡과 막걸리는 찰떡궁합입니다

부침개나 빈대떡과 막걸리는 삼겹살과 상추처럼 찰떡궁합입니다. 그 이유는 기름에 지진 밀가루는 기분을 상승시키지만, 성질이 차가워서 많이 먹을 경우 소화 기능을 떨어뜨릴 수 있으나, 막걸리의 풍부한 식이섬유와 유산균이 전분의 분해를 도와 떨어진 소화 기능을 보완해 주는 역할을 하기 때문입니다. 뿐만 아니라 칼로리가 높은 부침개를 막걸리와 함께 먹으면 포만감이 쉽게 느껴져서 칼로리를 과다하게 섭취하지 않도록 돕는다고 합니다. 막걸리를 맛있게 먹는 비결은 술지게미에 들어 있습니다. 막걸리를 흔들어 먹는 이유입니다.

녹두 빈대떡은 단순한 간식이 아니라 단백질과 철분, 미네랄의 공급원입니다. 녹두의 식이섬유는 소화 기능과 심혈관 기능을 개선하며 해독 작용도 뛰어나므로 정신적으로나 육체적으로 피로가 쌓였을 때 빈

대떡을 먹으면 영양도 보충하고 입맛도 돋울 수 있습니다.

빈대떡과 함께 마시는 막걸리는 찹쌀과 멥쌀, 밀가루 등을 찌어서 누

룩과 섞어 발효시킨 우리나라 전통술로 시큼하면서도 달달한, 시금털

털한 맛이 일품입니다. 하지만 엄밀하게 말하면 시중의 막걸리는 우리

고유의 술이 아닙니다. 일제강점기 일본은 우리의 전통문화를 말살해 민족혼을 없애기 위해 전통주를 모두 금지시켰습니다. 그나마 대중 막걸리에는 일본에서 들어온 백국균을 사용하도록 하였습니다. 막걸리의 맛과 향을 좌우하는 것은 균인데 그 균을 일본에서 들어온 백국균을 쓰고 있기 때문입니다.

막걸리와 빈대떡은 과학이자 문화입니다

막걸리는 고된 노동자들이 즐겨 마시는 음료입니다. 그 이유는 풍부한 단백질, 비타민, 콜린과 유기산이 신진대사를 돕고 갈증을 완화시키기 때문입니다. 한 보고서에 따르면 항암물질인 '스쿠알렌'의 함량이 $1,260{\sim}4,560\mu g/kg$으로 맥주나 포도주보다 최고 200배 정도 많이 함유돼 있다고 합니다. 뿐만이 아니라 막걸리 한 병에 들어 있는 유산균은 700~800억 개에 이릅니다. 이는 일반 요구르트 100병에 해당하는 양으로 장내 염증이나 유해 세균을 파괴하여 면역력을 높여 주고 암세포의 성장을 억제합니다. 막걸리와 빈대떡은 과학이자 문화입니다. 막걸리는 여럿이 더불어 마셔야 제맛이 납니다. 비 오는 날이라도 가족이나 지인과 정담을 나누도록 선조들이 선물한 지혜입니다.

여전히 창밖엔 가을비가 주룩주룩 내리고 있습니다. 막걸릿잔은 이미 비워지고 창밖엔 어둠이 몰려옵니다. 비가 찬 기운을 몰고 왔는지 그렇게 무덥던 날씨도 한결 가벼워졌습니다. 비가 내리지 않았다면 몸도 마음도 가벼웠으련만, 날씨처럼 마음도 몸도 무겁기만 합니다. 더 이상의 비 피해 없이 올가을에도 풍년을 기대해 봅니다.

막걸리 너마저 없었더라면 이 짙어가는 가을 향기조차 잊고 지나갔으리라. 어머니의 주린 배를 채워 주고 아버지의 고단한 삶을 덜어 주었던 막걸리, 네가 가을 향기 짙어지는 오늘 호젓한 나를 위로하고 세상사를 잊게 하는구나.

만석꾼 그들은 누구인가?

한국 부자의 원류는 서부 경남의 남강이라는 말이 있습니다. 지리산에서 발원하여 진주시 지수면을 지나는 남강에 일명 부자바위라고 하는 솥바위(정암; 鼎岩)가 있습니다. 솥바위에 치성을 드리면 소원 성취한다는 속설로 지금도 진학이나 창업을 앞둔 사람들이 자주 찾는 곳입니다. 솥바위 일대에서 한국의 3대 재벌, 삼성가와 LG, 효성그룹을 배출했습니다. 3대 그룹의 창업 당시의 재산은 이병철 회장은 수천 석의 재력을 가졌고, LG는 동업자인 허만정 회장이 만석꾼의 재력, 효성그룹 창업주 조홍제 회장도 만석꾼이었다고 합니다.

일제강점기 때만 해도 국내에 만석꾼이 90여 명 있었다고 합니다. 지금은 기업의 매출과 이익, 자산 등을 순위로 매겨 몇 대재벌이라고 부르는 탓에 농경 사회에서의 재벌 그룹인 만석꾼은 사라진 지 오랩니다. 일 년에 쌀 천 석(섬)을 거두는 부자는 천석꾼, 만석을 거두는 집안을 만석꾼 집안이라 불렀는데 임금 군(君)자를 사용한 것을 보면 예나 지금이나 부자에 대한 열망을 가늠할 수 있습니다.

만석꾼의 현금성 자산은 43억 2천만 원입니다

만석꾼(萬石君)이라면 어느 정도의 재산을 가졌을까요? 석(石)은 섬의 다른 표시인데 만석이라면 일 년에 쌀 만 섬을 거둔다는 말입니다. 섬은 10말을 나타내는 부피 단위이므로 요즘 유통되는 무게로 환산하면 쌀의 경우 144킬로그램 정도입니다. 144킬로그램에 만 석을 곱하면 1,440,000킬로그램으로 20킬로그램 쌀부대로는 7만 2천 부대입니다. 유통되는 쌀 가격은 지역별 품종별 차이가 있지만 20킬로그램 1부대에 6만 원이라고 가정할 때 쌀 만 석의 가격은 43억 2천만 원입니다. 즉 만석꾼은 현금성 자산이 43억 원 된다고 할 수 있습니다. 지금이야 밥 한 공기 쌀값이 300원도 되지 않지만, 그 당시 쌀값은 지금의 가치보다 수십 배 이상의 가치였으므로 만석꾼의 현금성 자산은 이보다 훨씬 많았을 것입니다.

만석꾼의 부동산은 200만 평, 18홀 골프장 10개 규모입니다

쌀 만 석을 수확하려면 토지(부동산)는 얼마가 있어야 할까요? 지금이야 품종도 개량되고 이앙법도 개발되고 해서 수확량이 대폭 늘었지만, 조선시대의 쌀 수확량은 지금의 삼 분의 일도 되지 않았다고 합니다. 옛 어른들은 한 마지기에 한 섬의 곡식을 얻을 수 있고, 한섬의 곡식은 성인 남자가 1년에 필요한 식량이라고 말씀하셨습니다. 옛 어른

들의 말씀을 참고한다면 쌀 만 석을 얻으려면 논 만 마지기를 가졌다고
봐야 할 것입니다. 만 마지기는 평수로 환산하면 2백만 평입니다. 즉
666헥타르로 18홀 골프장 10개 정도의 토지를 보유하고 있다는 셈입
니다.

만석꾼의 부동산 가격을 짐작하려면 2백만 평 토지에 평당 가격을
곱하면 됩니다. 평당 가격이야 수도권과 지방과 차이가 심하지만, 예

를 들어 평당 이십만 원씩 계산하면 만석꾼이 보유한 토지는 4천억 원 수준이고 평당 삼십만 원씩 계산한다면 6천억 원 수준입니다. 이는 소작인의 몫인 수확량의 2할을 반영하지 않았으므로 만석꾼의 실 토지는 2백만 평 이상이라고 봐야 할 것입니다. 적어도 조선시대 만석꾼의 재산은 현재로서의 가치로도 수천억 원대 자산가임에 틀림이 없습니다.

최근 기업들의 사회공헌활동 즉 사회적 책임이 화두입니다. 기업들이 취약 계층에게 일자리를 제공하거나 수익의 일부를 지역 사회에 기부하는 등 사회공헌활동을 하는 이유는 기업의 이미지 즉 평판이 기업의 지속적인 성장에 필수 요소라고 인식하고 있기 때문입니다. 하지만 국내 만석꾼들은 이미 오래전부터 사회적 책임을 다하였습니다. 그 대표적인 사례가 바로 경주 최 부잣집입니다.

최 부잣집 300년 부의 비결

그 당시의 임대료는 지주가 8할을 가졌지만, 최 부자는 5:5로 소작인과 동일하게 나누었다고 합니다. 인근의 농가들이 기근이나 집안 사정으로 꼭 땅을 팔아야 할 처지라면 최 부자가 땅을 사주기를 바랐다고 할 만큼 이웃에게 좋은 이미지를 주었습니다. 뿐만이 아니라 잘 알려진 바와 같이 최 부자의 가훈을 보면 300년 동안 12대에 걸쳐 부를 유지한 이유를 알 수 있습니다. 최 부자댁 가훈을 소개해 보겠습니다,

첫째, 벼슬은 진사 이상 하지 마라. 당시에 양반의 기준은 3대에 한

번 이상 진사시를 통과해야 양반 신분이 유지되므로 진사시에 합격해서 양반의 지위는 유지하되 벼슬이나 권력은 탐하지 않도록 했습니다.

둘째, 흉년에는 땅을 사지 마라. 가뭄이나 흉년이 들면 헐값에 땅이 많이 나오므로 싸게 살 수 있지만, 약자의 아픔을 기회로 삼지 말라고 자녀들에게 가르치고 있습니다.

셋째, 과객을 후하게 대접하라. 과객을 후하게 대접하는 것은 가문을 홍보하는 역할도 하지만 전국 각지의 정보를 얻을 수 있는 기회이므로 이를 활용하라는 지혜입니다.

넷째, 사방 백 리 안에 굶어 죽는 사람이 없게 하라. 부자의 사회적 책임을 하라고 가르치고 있습니다. 그 당시 민란이 많았는데 최 부잣집은 민란에도 무사한 것을 보면 평소에 이웃에게 관대했던 것을 충분히 알 수 있습니다. 심지어 최 부자댁은 아주 어려운 사람들에게는 차용증이나 담보서류를 소각하여 그들의 채무를 면해 주었다고 합니다.

다섯째, 재산은 만석 이상 하지 마라. 지나친 재물 욕심을 갖지 않도록 후손에게 가르치고 있습니다.

여섯째, 시집온 며느리들은 3년간 무명옷을 입어라. 옛말에 부자는 3대를 못 간다는 말이 있습니다. 조상들이 애써 모은 재산을 후대에서 낭비와 허영으로 탕진하지 않도록 검소한 생활을 하도록 했습니다.

12대에 걸쳐 300년간 유지해 온
전 재산을 민족의 독립을 위해 바쳤습니다

당시 유교 사회에서의 가훈은 누구도 거역할 수 없는 법보다 우선하는 가치이고 지켜야만 하는 것이었기에 최 부자댁 가훈은 12대에 걸쳐 300년간 만석꾼의 재산을 유지한 비결입니다. 더욱 큰 충격은 민족의 독립을 위해 12대에 걸쳐 유지해 온 전 재산을 바쳤습니다. 최 부자는 일제강점기에 독립운동을 돕기 위해 백산 안희제 선생과 '백산상회'를 설립하여 군 자금을 지원하였는데 그 규모가 현재 화폐가치로 8조 원에 이른다고 합니다.

독립운동을 지원한 만석꾼은 경주 최 부자뿐만이 아닙니다. 그 당시 국내 90여 만석꾼 집안은 독립운동의 자금줄이었습니다. 그분들의 노고와 희생이 있었기에 오늘날 우리나라가 존재할 수 있었다고 해도 과언이 아닙니다. 특히 한 개인의 신분으로 국가를 위해 300년 동안 이어오던 전 재산을 독립운동 자금으로 지원하였다는 것은 어느 기업이나 어느 나라에서도 보기 드문 사례입니다. 천석꾼, 만석꾼에 임금군(君)을 쓴 선조들의 지혜에 감탄해 봅니다. 만석꾼들이 지역 사회를 이끌고 독립운동을 지원한 사례는 최근 지속적인 성장을 위해 사회공헌활동을 전담하는 조직을 만들고 여러 사회활동을 하고 있는 기업들이 본받아야 할 가치입니다.

옥수수 예찬

쫀득쫀득한 알갱이의 고소한 맛과 찰지고 아삭아삭한 식감을 지닌 찰옥수수는 여름철 대표적인 영양 간식입니다. 여름철 더위에 지친 체력에 입맛을 돋우는데 옥수수가 제격입니다. 찰옥수수뿐만 아니라 여름철 봉평장이나 진부장, 평창장 등 평창 지역에 유명한 메뉴 중 하나인 올챙이국수가 바로 옥수수 전분으로 만든 음식입니다. 어디 그뿐만이 아닙니다. 강냉이 튀밥은 겨울철 긴긴밤 적적함을 달래는 데 안성맞춤입니다. 설을 앞두고 동네 어귀에 자리 잡은 뻥튀기집은 꼬맹이들에게 가장 인기 있는 명소였습니다.

아메리카 태생인 옥수수가 전 세계에 퍼진 것은 콜럼버스가 유럽으로 들여오면서 시작되었습니다. 한반도에 들어온 것은 여러 설이 있으나 임진왜란 때 명나라 원군들이 군량 식품으로 들어왔다는 설도 있습니다. 명나라 원군 중에 양쯔강 이남에서 차출된 군사들이 군량으로 옥수수를 가지고 왔는데, 양쯔강 이남인 강남에서 들여왔다고 강냉이라 불렀다는 설이 유력한 설입니다.

　강냉이는 씨알의 구조에 따라 분류(마치종, 경립종 등)하기도 하고, 전분 함량에 따라 메옥수수와 찰옥수수로 구분합니다. 아밀로펙틴 함량이 100%면 찰옥수수이고 70% 선이면 메옥수수입니다. 우리나라에서 재배되는 대다수 옥수수는 찰옥수수로 여름철 쪄 먹는 간식용으로 인기입니다.

　전 세계 옥수수 생산량은 11억 톤을 웃돌고 생산액은 3천억 달러에 이릅니다. 중요한 것은 옥수수는 식용으로, 가축 사료용으로, 산업용으로 없어서는 안 될 소중한 곡물이라는 것입니다.

팔방미인 옥수수의 인기 비결

　옥수수의 인기 비결은 뛰어난 적응성과 다양한 쓰임새입니다. 산간지에서도 척박지에서도 춥던, 덥던 어디서든 잘 자라고 생산성도 뛰어난 데다가 그 용도가 식용에서 산업용까지 무궁무진하기 때문입니다. 초당 옥수수나 단옥수수는 과일처럼 생으로도 먹을 수 있고, 찰옥수수는 쪄서 먹고, 메옥수수는 제분하여 다양한 용도로 사용됩니다. 전분은 빵을 비롯한 다양한 식품으로 또 액상과당은 과자로 음료수로, 녹말은 포도당이나 주정으로 접착제로 이용됩니다. 심지어 옥수수수염은 잇몸 치료제인 인사돌과 텐타돌로 쓰이고, 이뇨제, 항암제로도 사용합니다. 특히 가난의 대명사였던 옥수수가 최근에 웰빙 식품으로 재조명

받고 있습니다. 풍부한 식이 섬유와 비타민 B군, 철, 마그네슘, 아연 등 미네랄 성분이 골고루 분포하여 신진대사를 촉진하고, 불포화 지방산이 콜레스테롤을 낮춰 혈관을 청소하고 심혈관 질환을 예방하며, 제아잔틴이 풍부하여 눈을 보호하며 염증 수치를 낮추고 노화를 방지하는 웰빙 식품으로 각광받고 있습니다.

인류의 식량난을 해결할 key Food입니다

옥수수는 인류의 식량난을 해결할 수 있는 Key Food입니다. 곡류 중 유일한 구황작물인 옥수수는 산간지에서도 척박지에서도 재배 가능하며 파종 후 3~4개월이면 수확할 수 있고 단위 면적당 수확량도 밀이나 벼보다도 20%나 높습니다. 더욱이 식량 작물 중 저장력이 가장 뛰어난 작물입니다. 옥수수는 식탁을 뛰어넘어 산업용으로 또 바이오 에너지로도 글로벌 강자입니다. 1990년 개정된 미국의 청정대기법으로 바이오 에탄올에 대한 수요는 증가 추세입니다. 옥수수는 청정에너지의 대표 주자입니다. 옥수수는 주방에서도 산업에서도 에너지로도 인류의 다양한 욕구에 부응해 왔습니다. 수천 년 동안 다양한 환경과 토질에서 적응한 능력만큼이나 인류의 다양한 욕구에 부응하는 능력도 탁월합니다.

옥수수를 가장 많이 재배하는 나라는 미국입니다. 전 세계 옥수수 생산량의 약 35% 수준, 수출량의 약 40%를 차지하고 있습니다. 한때 콘

벨트 정치학이란 단어가 유행했습니다. 콘 벨트 지역의 하나인 아이오
와주에서 승리하는 후보가 대선에 승리한다는 속설로 미국의 정치권에
서는 아이오와주와 콘 벨트 지역의 표심을 잡기 위해 옥수수 지원책을
내놓습니다. 그 한 예가 옥수수 생산량의 40%를 바이오 에너지로 사용
하도록 한 부시 행정부의 바이오 연료 지원 정책이었습니다. 바로 미국
이 옥수수의 나라가 된 원인입니다.

우리나라 옥수수 자급률은 0.8%에 불과합니다

우리나라는 옥수수를 얼마나 생산할까요? 안타깝게도 자급률이 0.8%에 불과합니다. 자급률 0.7%인 밀과 함께 수요량의 대다수를 수입에 의존하고 있습니다. 자급률을 높여야 한다는 목소리는 있지만 십수 년 동안 개선되지 않아 기후 변화와 불안한 국제 곡물 시장을 생각하면 안타까움만 더해집니다.

전 세계가 옥수수에 의존하고 있다고 하면 과언일까요? 한 보고서에 따르면 전 세계 농업의 20%가 옥수수에 기반한다고 합니다. 심지어 우리 몸속의 성분을 조사할 결과 가장 많은 성분이 쌀이 아니라 미국산 옥수수라고 합니다. 옥수수 인간이란 말이 괜한 말이 아닌 것 같습니다. 우리에게 가난의 대명사로 여겨졌던 옥수수가 인류의 문화와 경제, 산업 전 분야에 영향력을 미치고 있습니다. 지금껏 옥수수는 인류의 기대에 부응해 왔습니다. 최근 지속되는 기후 재난으로 식량난이 현실화되고 있습니다. 불안한 곡물 시장과 부족한 식량난 해소를 팔방미인 옥수수에게 기대를 걸어봅니다.

상강

첫서리가 내린다는 상강입니다. 상강은 가을의 마지막 절기입니다. 다음 절기는 겨울이 시작된다는 입동입니다. 기후 온난화 탓인지 상강인 오늘 새벽에 서리 대신 비가 내렸습니다. 늦가을 비가 찬바람을 몰고 왔는지 기온이 뚝 떨어졌습니다. 이른 아침부터 들판에는 막바지 가을걷이로 분주합니다. 벼농사야 기계의 힘을 빌리니 예전처럼 힘든 일은 없지만, 밭농사는 고양이 손이라도 빌리고 싶을 만큼 바쁜 철입니다. 이웃 농장들은 막바지 들깨 수확이 한창입니다. 미처 수확하지 못한 고구마도 캐야 하고 무도 뽑아야 합니다. 중부 지방의 무 수확 시기는 상강 전후가 적기입니다. 상강이 되면 무가 얼거나 바람이 들 수 있으므로 서리가 내릴 즈음 무를 뽑아서 땅을 파고 겨울 채비를 합니다.

올여름은 유난히도 더웠습니다. 지난 8월 더운 날씨에 무와 배추를 심었지만 벌레가 무, 배추를 가져가 버렸습니다. 더운 날씨에 벌레가 기승을 부렸습니다. 부랴부랴 다시 파종을 하였는데도 농사가 예년 같지 못합니다. 이번에도 반은 벌레가 가져가고 절반이라도 수확을 했으

니 김장을 할 수 있어서 다행이라 생각합니다. 약을 치지 않은 탓도 있
지만, 어린싹이 자랄 때 돌보지 않았으니 벌레를 탓할 일도 아닙니다.
문제는 무, 배추뿐만이 아닙니다. 같이 심은 상추와 케일도 비실비실
하기만 합니다. 어디 채소뿐일까요? 사과는 색깔이 나지 않고 당도도
형편이 없습니다. 대추도 예전의 맛을 찾을 수 없습니다. 올해 대추가
많이 열려서 풍년을 기대했었는데 맛이 별로입니다. 식물이 잘 자라려

면 충분한 햇볕과 주·야간 온도 차이가 있어야 하는데 올해 날씨는 수상할 정도입니다. 천고마비의 계절이라는 가을에도 연일 비가 내리고 햇볕도 힘이 없습니다. 어느 앵커의 말처럼 날씨가 미친 것 같다는 생각이 듭니다.

남산의 많은 솔방울은 종족을 보존하기 위해 열매를 많이 맺으려는 식물의 생존 본능입니다

남산의 소나무는 유독 솔방울이 많고 도로변의 은행나무도 가지가 부러질 정도로 은행이 많이 열렸습니다. 그 이유는 환경이 열악하면 종족 보존을 위해 열매를 많이 맺으려는 식물의 생존 본능입니다. 올봄에 대추와 사과가 많이 열려서 풍년을 기대한 것은 자연의 위치를 깨닫지 못하고 아전인수격으로 생각한 저의 허상이었음을 이제서야 깨닫습니다. 대추와 사과는 이미 봄부터 올여름과 가을 날씨를 예상하고 열매를 많이 가졌는데, 만물의 영장이라고 하는 우리는 내일 날씨조차 기계의 힘을 빌려야 알 수 있습니다. 창조주는 우리에게도 지혜를 주셨을 터인데 우리는 그것을 잊고 살아왔습니다. 옛날 해안가에 사는 어민들은 뱃일을 나갈 때 나무 위에 지은 까마귀 집의 높낮이를 보고 먼 바다로 나갈 건지 해안 가까이서 고기잡이를 할 것인지 결정했다고 합니다. 봄에 까마귀가 둥지를 지을 때 태풍이 없는 해에는 높은 나뭇가지에 둥지를 틀기 때문이라고 합니다. 까마귀의 지혜는 어디서 왔을까요? 까마귀는 이른 봄에 이미 올여름 태풍의 강도를 예측하는 지혜를 가졌습니다.

수천 년 역사에서 우리가 배불리 먹은 것은 불과 30~40년에 불과합니다

올 들어 극심한 기후 변화로 전 세계가 몸살을 앓고 있습니다. 그나마 우리나라는 미국이나 유럽, 중국의 날씨에 비하면 피해가 적어서 다행입니다. 문제는 최근의 기후 변화는 일시적이거나 지역적인 변화가 아니라는데 있습니다. 이제 우리는 거대한 변화와 맞서고 있습니다. 배추가 비싸다고 아우성칠 것이 아니라 기후 재난에 대비해야 할 것입니다. 수천 년 역사에서 우리가 먹거리를 걱정하지 않고 배불리 먹은 것은 불과 30~40년밖에 되지 않습니다. 그사이에 우리는 농업의 소중함조차 잊고 살고 있습니다. 농업의 동업자는 창조주 하느님이십니다. 우리는 동업자 창조주께 대한 감사도 잊은 지 오랩니다. 지금이라도 농업의 소중한 가치를 깨닫고 식량안보와 기후 환경 변화에 대한 대책을 세워야 할 것입니다.

10월의 마지막 날

10월의 마지막 날입니다. 춥지도 덥지도 않은 화창한 날씨에 오곡백과 풍성한 계절이지만, 지난 삶에 대한 아쉬움과 불확실한 미래에 대한 불안감이 가득한 가운데 이용의 〈잊혀진 계절〉 노랫가락이 유난히 떠오르는 밤입니다.

'지금도 기억하고 있어요 시월의 마지막 밤' 가사와 함께 지난여름에 지인의 상가에서 만난 어느 시골 이장님의 말씀이 새삼 생생하게 떠오릅니다. 이장님의 마을은 84가구 중의 65세 이상 노인이 90명이라며 농촌의 노인 문제가 심각하다고 말씀하셨습니다. 그 마을에 60세 미만의 주민은 4명밖에 안 되며, 그중에 장애를 가진 비농업인이 2명이고 실제 영농에 종사하는 사람은 한우를 사육하는 청년 2명뿐이라고 하셨습니다. 더욱이 올해 이장님도 72세라며 앞으로 농사를 짓는다고 한들 몇 해를 더 지을 수 있겠냐며 안타까워하셨습니다.

인구 고령화는 농촌만의 문제는 아니지만 농촌의 고령화는 너무 빠른 반면 그동안의 대책은 효과가 미흡하기에 걱정이 앞섭니다. 우리나라 농촌의 고령화율은 25.0%(2022년)로 이미 초고령화 사회로 진입했으며, 면 단위 지역의 고령화율은 32.4%에 이른다고 합니다. 문제는 65세 이상 농업인 비율이 이미 절반을 넘어서고 있다는 데 있습니다.

논농사는 기계의 힘을 빌려서 농사가 가능하지만 소규모 밭농사는 기계화가 어려운 실정입니다. 올 추석 때 배춧값이 비싸다고 아우성이었지만 현재의 고령화 추세로 볼 때 금배추 사태는 올해만의 문제가 아닐 것입니다. 배추뿐만이 아니라 고추와 마늘, 당근, 대파 등 대다수의 밭작물은 재배 면적이 지속적으로 줄고 있기 때문입니다. 그 대표적인 예가 들깨입니다. 최근 들기름의 황산화 기능이 부각되면서 들기름 수요는 늘었지만, 공급량이 따르지 못하기 때문에 참기름보다도 더 비싼 기름이 되었습니다. 앞으로 제2의 금배추와 들기름은 계속될 것입니다. 문제는 이에 대한 대책이 마땅치 않다는 데 있습니다. 밭농사도 우리들 식탁에 소중한 작물이지만, 농업정책의 사각지대에 놓여 있습니다. 배춧값이 비싸면 일시적으로 수입량을 늘리거나 소비를 줄이는 것이 현실입니다. 보다 근본적인 대책이 절실합니다.

지금도 기억하고 있어요. 이장님과의 만남을

대책 없는 걱정만 나눈 채 우리는 헤어졌지요.

이장님의 근심 어린 표정이 아직도 눈에 선합니다.

한마디 위로도 드리지 못한 채 헤어져 아쉽기만 합니다.

언제나 돌아오는 봄철은 농민에게 꿈을 주듯이

돌아오는 봄에는 우리 모두가 웃을 수 있겠지요.

우 우 우 ~

　몇 년 전 어느 날 조용한 시골 마을에 트럭 한 대가 들어서자, 바구니를 든 어르신들이 트럭 주변에 우르르 모여드는 뉴스를 보았습니다. 트럭 뚜껑을 열자 생필품이 가득 실려 있었습니다. 포천의 한 농협에서 연로하신 주민들의 편의를 위해서 정기적으로 이동마트를 운영하는 트럭이었습니다. 저는 그 장면이 너무나 생생합니다. 몸이 불편하다 보니 필요한 생필품조차도 누군가의 도움을 받아야 하는 현실이 우리 농촌의 현실이 되고 있기 때문입니다.

　한국농촌경제연구원에 따르면 면 단위 지역 인구가 3천 명 이하로 줄어들면 병원이 사라지기 시작하며, 인구가 2천 명 이하로 줄면 식당과 세탁소, 이·미용실 등이 폐업하기 시작한다고 합니다. 농촌 지역에 인구가 감소하면서 주민 편의 시설들의 휴업과 폐업이 증가하여 생활 서비스 이용에 불편을 겪는 지역이 증가하고 있다고 합니다.

　농촌 사회의 인구 감소와 고령화는 농업 생산성과 지역 경제를 위축시켜 지역 공동체 기능이 상실되고 농촌의 소멸을 가속화 시킬 수 있습니다. 저출산과 고령화에 대한 인구사회정책 대응만으로는 농촌 소멸

위기를 해결하는데 한계가 있습니다. 농촌 지역의 고령화 문제 해결의 본질은 도시로 떠난 젊은 층을 다시 돌아오게 하는 정책의 대전환이 필요합니다.

10월의 마지막 날을 보내면서 새삼 우리 농촌의 현실을 걱정하는 것은 저만의 고민은 아닐 것입니다. 농업은 우리의 식탁과 건강뿐만 아니라 우리 삶의 근간을 이루고 있습니다. 농촌이 소멸된다는 것은 우리의 미래가 소멸된다고 해도 과언이 아닐 것입니다. 언제나 돌아오는 계절은 우리에게 꿈을 주었듯이 이 가을이 지나고 또 맞을 봄날에는 희망 가득한 환한 모습으로 씨앗을 뿌리는 이장님의 모습을 그려 봅니다.

4장

겨울, 휴면·충전

일벌은 수벌을 탓하지 않는다

앨버트 아인슈타인은 "꿀벌이 지구상에서 사라지면, 인간은 그로부터 4년 정도밖에 생존할 수 없을 것이다. 꿀벌이 없으면 수분도 없고, 식물도 없고, 동물도 없고, 인간도 없다."며 꿀벌의 소중함을 이야기였습니다. 세계적으로 현화식물의 80퍼센트가 곤충에 의해 수분이 이루어지는데, 그중 약 85퍼센트가 꿀벌의 도움을 받고 있습니다. 과일나무의 경우는 약 90퍼센트의 꽃이 꿀벌의 손을 빌려 수분을 맺습니다. 지금도 유럽에서는 농작물 수정 활동을 돕는 꿀벌을 소, 돼지 다음으로 중요한 가축으로 평가하고 있습니다.

로열젤리를 3일 먹은 애벌레는 일벌이 되고
6일 먹은 애벌레는 여왕벌이 됩니다

꿀벌은 여왕벌과 일벌, 수벌 3계급으로 나뉩니다. 여왕벌과 일벌은 쌍둥이(자매)로 태어나지만, 로열젤리를 3일 먹은 애벌레는 일벌이 되

고, 로열젤리를 6일간 먹은 애벌레는 여왕벌이 됩니다. 여왕벌은 성충이 되어서도 로열젤리만 먹은 탓에 몸집은 일벌의 2배 수준으로 크며, 수명은 7년 정도로 7주 정도인 일벌의 40배를 더 살면서 200만 개 이상 산란을 합니다.

　여왕벌은 인간이 부여한 이름에 불과합니다. 여왕벌은 꿀벌의 종족을 보존하기 위한 생식벌이자 엄마벌로서 평생 벌집에 갇혀서 산란만

하는 씨받이 벌입니다. 여왕벌은 꿀벌의 종족 보존을 위해 일벌이 계획한 대로 산란하는 역할을 다할 뿐입니다. 분봉할 때가 되면 일벌은 무정란이 자랄 수 있는 애벌레 방을 만들어 수벌을 양성합니다. 여왕벌은 일벌이 벌인 판에 따라 알을 낳을 뿐입니다. 무위도식하는 수벌을 여왕벌이 교미할 때만 써먹겠다는 일벌의 정교한 계획의 결과입니다. 뿐만이 아닙니다. 여왕벌의 산란능력이 떨어지거나 여왕벌이 신체적 장애를 입으면 일벌은 새로운 여왕벌을 만들고 쇠약한 여왕벌을 죽여버립니다. 고유의 역할을 하지 못할 땐 여왕벌조차 쫓아내는 냉혹함이 수천년 벌꿀이 살아온 비결입니다.

일벌은 나이에 따라 역할이 정해져 있습니다

일벌은 알에서 부화하는 데 3일, 애벌레 6일, 번데기 과정 12일을 거쳐서 21일 만에 일벌로 성장합니다. 부화 후 3일까지는 여왕벌과 마찬가지로 로열젤리를 먹지만 이후부터는 꿀과 꽃가루를 먹습니다. 벌꿀의 군집 내에서 발생하는 모든 일은 일벌의 몫이며 일벌은 나이에 따라 그 역할이 정해져 있습니다.

태어난 지 3~12살(3~12일) 애기 일벌은 여왕벌에게 로열젤리를 먹이고 부화한 애벌레를 돌보는 시녀벌입니다. 번데기가 된 애벌레 방을 밀납으로 봉하는 역할도 이 시녀벌의 몫입니다.

이후 12~15살(12~15일)의 청소년 일벌은 밀납을 생산하여 집을 짓고 보수하는 일과 언니 벌들이 수집한 꿀을 저장하고 벌집을 청소하는 역할을 맡습니다.

벌집 내부 온도는 여름철 고온에서도 32~35℃로 유지됩니다. 이보다 낮거나 높으면 애벌레나 번데기가 죽거나 기형이 되기 때문입니다. 벌집 내 온도 유지는 태어난 지 15~20살(15~20일) 청년 벌들의 몫입니다.

21살(21일)이 되면 일벌은 드디어 사회활동을 시작합니다. 바깥세상을 정찰하고 꽃가루와 꿀을 수집하여 가족들을 부양하는 역할을 담당합니다. 반경 2~4km 거리를 비행하며, 하루에 10회 정도 꽃을 찾아다닙니다.

지천명의 나이(50일~)가 되면 보다 노련한 일을 담당합니다. 외부의 적으로부터 집을 지키는 초병을 자처하며, 여왕벌의 교미 비행을 호위하기도 합니다. 목숨을 건 일이지만 마땅히 제 역할에 충실할 뿐입니다.

교미 비행에 성공하던 못하던 수벌의 운명은 여기까지입니다

반면 수벌의 역할은 무위도식입니다. 오직 여왕벌의 교미 비행 때 동행하여 여왕벌과 3~5초간의 밀애가 처음이자 마지막 임무입니다. 하지만 임무를 수행할 수 있는 확률은 1/1,000도 되지 않으니 수벌의 팔자는 안타깝습니다. 더더욱 가련한 것은 교미 비행에 성공하던 못하던 수벌의 운명은 여기까지입니다. 교미 비행에 성공하면 생식기가 빠져서 죽게 되고 교미 비행에 실패하여 집으로 돌아가면 일벌에게 죽임을 당합니다.

대부분의 포유류는 자식에 대한 희생이 지극한 편입니다. 하지만 일벌은 동료 즉 형제자매를 위해 집을 짓고 평생 꿀과 꽃가루를 가져다 나릅니다. 심지어 죽음이 임박하면 동료에게 피해를 주지 않기 위해 가족들로부터 최대한 멀리 떨어진 곳으로 이동하여 죽음을 맞이합니다. 동료를 배려하는 고귀한 희생입니다. 그렇다고 쌍둥이 자매인 여왕벌에게 질투하지 않고 여왕벌에게 로열젤리를 먹이고 보호합니다. 무위도식하는 수벌에게도 어떠한 타박도 하지 않습니다. 오직 주어진 자신의 역할에 충실할 뿐입니다.

우리는 한낱 곤충에 불과한 꿀벌 덕분에 살고 있다고 해도 과언이 아닙니다. 아인슈타인의 경고가 아니더라도 꿀벌의 소중함은 익히 알고 있습니다. 자연은 언제나 우리에게 너무나 소중한 것들을 거저 줍니다. 종족 보존을 위해 평생 방에 갇혀 산란만 하는 여왕벌과 동료를 위해 꽃을 찾아 헤매는 일벌, 일장춘몽을 꿈꾸는 수벌을 보노라면 자연의 신비함 뿐만 아니라 새삼 생명의 숭고함을 느끼게 됩니다. 나아가 꿀벌 세상의 질서정연함 그리고 일벌의 성실함과 형제애와 희생은 우리에게 신선한 충격을 줍니다.

초콜릿이 노벨상을 만든다?

프랑스의 조용한 시골 마을에 어느 날 신비의 여인 비엔 로쉐가 딸을 데리고 이사를 옵니다. 웃음 많고 활달한 비엔은 마을 광장에 초콜릿 가게를 열고 마을 사람들과 가까이 지내려고 노력합니다. 시장(레이노)은 종교 생활도 하지 않고 심지어 금식 기간인 사순절에 초콜릿을 판매하는 비엔을 마을에서 쫓아내려고 거짓 소문을 퍼트립니다. 보수적이고 폐쇄적인 마을 사람들도 비엔에게 냉랭하였으나, 비엔이 밝은 미소와 따뜻한 마음으로 마을 사람들을 위로하자 마음을 열고 초콜릿 가게로 하나둘씩 모여듭니다.

비엔이 만든 달콤한 초콜릿은 마을 사람들의 마음을 열고 사랑과 정열에 빠지게 하는 마력을 지녔습니다. 집주인 아망드 할머니는 고춧가루가 들어간 초콜릿을 맛보고 비엔의 팬이 됩니다. 아망드 할머니는 딸의 반대로 손주를 보지 못해서 애태웠는데 비엔의 중재로 딸과 화해하고 손주를 보게 됩니다. 또 남편의 폭력에 시달리던 조세핀은 비엔의 집에 머물며 초콜릿 만드는 기술을 배우고 가게에 찾아온 사람들과 이야기를 나누면서 상처를 회복합니다.

어느 날 집시들이 마을에 들어옵니다. 마을 사람들은 방랑자를 싫어하지만 개방적일 비엔은 집시들과도 가까이 지냅니다. 이번에도 시장은 개방적이고 방랑자인 집시들이 싫어 마을 사람들에게 집시를 배척하라고 지시합니다. 초콜릿의 신비한 마력을 안 아망드 할머니는 마을 사람들에게 초콜릿을 먹일 꾀를 내어 생일날 마을 사람들과 집시들을 초청하여 파티를 엽니다. 초콜릿을 맛본 사람들은 비엔과 집시들에게 마음을 열고 모두 함께 파티를 즐깁니다.

보수적이고 금욕적인 생활로 이웃과도 단절된 조용한 시골 마을에 비엔이 만든 달콤한 초콜릿이 사람들을 변화시켜 서로 사랑하고 자유와 행복을 찾게 해주었습니다. 2001년 개봉된 영화 〈초콜릿〉의 줄거리입니다.

초콜릿의 달콤함이 관계를 변화시키고 마을을 변하게 하였습니다. 실제 초콜릿은 사람들의 심신을 안정시킨다고 합니다. 스트레스가 누적되면 우리 몸은 스트레스 호르몬인 코르티솔의 분비를 촉진하여 우울하고 불안해집니다. 그런데 초콜릿이 코르티솔 분비를 막는 역할을 합니다. 2주간 매일 40g의 초콜릿을 먹도록 한 실험에서 실질적으로 코르티솔 수치가 감소하였으며, 초콜릿을 먹으면 불안감이 줄어들고 차분하고 침착한 기분 상태를 유지하는 데 도움이 된다고 밝혀졌습니다. 또한 초콜릿은 폐의 근육을 이완시켜 긴장을 풀고 편안하게 하며 엔도르핀 생성을 도와 행복감을 느끼게 한다고 합니다.

신들의 음식으로 불리는 테오브로마 카카오

초콜릿의 원료인 카카오의 학명은 테오브로마 카카오(Theobroma cacao)로 '신들의 음식'을 의미합니다. 아즈텍의 신화에서는 카카오나무는 아즈텍의 천국에서 가장 아름다운 나무라고 부르며 신이 준 선물로 믿었습니다. 마야에서도 카카오로 만든 즙은 왕실과 귀족만 먹을 수 있었으며 인간에게 에너지와 건강을 주었다고 믿었습니다. 17세기 프랑스 의학자 조셉 바쇼도 초콜릿은 심혈관 질병을 예방하고 우울증 개선과 감기를 예방하는 '신들의 음식'이라고 극찬하였습니다.

디저트의 제왕이라고 불리는 초콜릿의 효능은 따로 있습니다. 대표적인 효능은 뇌 기능 향상입니다. 60년대 일본 골프장에서는 초콜릿 내기가 대유행한 적이 있습니다. 초콜릿에 포함된 포도당은 곡류 등의 전분보다 흡수가 빨라 장시간 운동하는 골프들의 체력을 빠르게 보강해 주며 심신을 안정시켜주고 뇌를 자극해 집중력과 사고력을 높여주기 때문입니다.

항산화물질인 폴리페놀과 플라바놀 성분이 가득한 초콜릿

초콜릿의 이러한 효능은 초콜릿 원료인 카카오 열매가 지닌 강력한 항산화 물질인 폴리페놀과 플라바놀 성분 때문입니다. 폴리페놀과 플라바놀은 심장 건강을 촉진시키고, 혈압을 조절하는 데에도 탁월한 효

과를 발휘합니다. 미국 컬럼비아대학 연구팀에서는 플라바놀을 3개월 제공한 결과 60대 노인이 30~40대의 기억력을 회복했다고 보고하였으며, 알츠하이머나 치매와 같은 뇌혈관계 질병 예방과 노화 방지 효과도 인정하였습니다.

초콜릿은 슈퍼 푸드이자 필수 디저트입니다

2013년 뉴잉글랜드 의학저널에서는 스위스와 스웨덴, 덴마크 등 노벨상 수상자를 배출한 국가를 대상으로 조사한 연구에서 국가별로 1인당 초콜릿 소비량이 0.4kg 늘어나면 인구 100만 명당 노벨상 수상자가 1명씩 늘어난다는 연구 결과를 보도*하였으며, 영국 노섬브리아 대학 연구팀은 "플라바놀 성분이 뇌의 혈관을 확장시켜 혈액의 흐름을 빠르게 하여 수학 문제를 푸는 데 도움을 준다."**는 연구 결과를 발표하였습니다.

밸런타인데이 때 이성에게 초콜릿을 주고받는 이유도 초콜릿을 먹으면 사랑의 화합물이라고 하는 페닐에틸아민 성분이 이성을 사랑에 빠진 듯 기분을 좋게 만들며, 나아가 세로토닌 호르몬의 생성을 촉진시켜 편안하고 안정감을 주기 때문입니다. 초콜릿은 밸런타인데이(2월14일)나 초콜릿의 날(7월7일) 뿐만 아니라 더욱 가까이해야 할 식품입니다. 특히 수험생은 물론 운동선수나 갱년기 우울증을 앓는 분들과 노인들에게 꼭 필요한 슈퍼 푸드입니다. 설탕 함량이 낮고 품질 좋은 다크 초콜릿은 건강한 노년을 위한 필수 디저트입니다.

* 〈초콜릿 많이 먹는 나라, 노벨상 수상자도 많아〉(이투데이, 2012. 11. 21)
* * 〈그녀가 초콜릿을 먹는 20가지 '사소한 이유'〉(매일경제, 2016. 6. 23)

컬러 푸드(Color Food) & 한식

빨강, 녹색, 검정, 노랑, 흰색 등 다양한 색깔을 가진 컬러 식품이 몸에 유익하다는 것은 잘 알려진 사실입니다. 유럽에서는 매일 5가지 색깔의 과일과 채소를 섭취하도록 권하고 있으며, 미국국립암연구소는 암을 예방하려면 하루에 5가지 색깔의 과일과 채소 등 다양한 식품을 섭취하라고 권장하고 있습니다. 컬러 푸드가 몸에 유익한 것은 식품이 지닌 다양한 기능성 성분인데 그중 대표적인 것이 카로티노이드와 플라보노이드입니다.

카로티노이드는
빨간색, 노란색, 주황색 계통의 과일과 채소에…

카로티노이드는 빨간색, 노란색, 주황색 계통의 과일과 채소에 많이 함유되어 있는 식물 색소로 알파-카로틴, 베타-카로틴, 루테인, 라이코펜, 크립토잔틴, 지아잔틴 같은 성분들입니다. 알파카로틴은 심혈관

질환에 효과가 있다고 알려져 있으며 전립선암 예방에도 도움을 주며, 호박과 감, 당근, 토마토, 완두콩 등에 많이 함유되어 있다고 합니다.

베타카로틴은 강력한 항산화제로 암과 심혈관 질환의 위험을 낮추며 당뇨병 합병증을 예방하고, 폐 기능을 증진시키는 물질로 당근과 망

고, 늙은 호박, 고구마, 시금치, 케일, 브로콜리, 오렌지에 풍부하게 들
어 있습니다.

　루테인과 지아잔틴은 녹색 잎채소에 많이 함유된 카로티노이드로 눈
의 건강을 유지하고 시각 기능에 도움을 주는 역할을 합니다. 라이코펜

은 강력한 항산화 효과를 가지고 있으며, 특히 나쁜 콜레스테롤인 LDL 콜레스테롤과 총콜레스테롤 수치를 낮추고, 좋은 콜레스테롤인 HDL 콜레스테롤을 높여 심장 건강에 도움을 줍니다. 라이코펜이 많은 식품으로는 토마토, 자몽, 수박, 고추 등 붉은색 채소입니다.*

곡류와 김치와 장류로 차린 식단은
카로티노이드와 플라보노이드 성분이 가득합니다

플라보노이드는 황색부터 적색까지 다양한 색을 띠며 많은 작물에 고루 분포하고 있습니다. 플라보노이드는 화학 구조에 따라 안토시아닌, 이소플라본, 폴라바논, 폴라바놀, 플라보놀, 플라본으로 구분합니다.

안토시아닌은 꽃이나 과실에 많이 포함되어 있는 색소로 체내 활성산소를 제거하는 능력이 모든 항산화 물질 중 가장 뛰어나며, 이소플라본은 중장년 여성의 폐경기 증상 완화와 골다공증, 유방암, 전립선암 예방에 효과가 있다고 합니다. 플라바논은 유독물질을 몸 밖으로 배출하는 디톡스 효과가 뛰어나며 자몽이나 감귤에 풍부합니다. 플라바놀은 식물이 외부로부터 오는 스트레스에 저항하기 위해 만든 물질로 녹차와 카카오에 많이 들어 있으며, 노인성 기억력 감퇴를 개선하는 효과가 있습니다. 플라보놀은 혈액 순환 개선과 항염증 작용을 하며 사과와 양파, 마늘, 홍차 등 과일이나 채소의 껍질 부위에 많습니다. 플라본은 항암 효과가 가장 많은 것으로 보고되고 있으며, 과일과 채소류에 폭넓게 함유되어 있습니다.

우리 밥상에는 카로티노이드와 플라보노이드 등 기능성 물질이 가득합니다. 건강을 위해 따로 건강식을 찾지 않아도 곡물과 김치와 장류로 차려진 식단을 골고루 섭취만 해도 충분히 건강한 삶을 유지할 수 있는 것입니다. 특히 비빔밥, 잡채, 김치는 물론 김밥 등 한식은 오행의 원리를 담아 오방색을 기본으로 한 식단입니다. 비빔밥은 가운데에 노란색 달걀노른자를 놓고, 주변에 파란색, 붉은색, 흰색, 검은색의 식재료들로 만듭니다. 김치도 마찬가지입니다. 주재료인 배추와 무는 백색, 고춧가루는 적색, 배추의 겉잎이나 파는 청색, 생강은 황색, 젓갈은 검은색에다가 짠맛, 매운맛, 신맛, 단맛, 쓴맛의 다섯 가지 맛을 갖춘 오방색 음식입니다.*

한식의 비밀은 발효라는 과학이 첨가된 식단입니다

한식의 비밀은 따로 있습니다. 오행의 원리뿐만 아니라 음식 재료가 영양 측면에서 균형이 잡혀 있으며 발효라는 과학이 첨가된 식단입니다. 한식은 육류와 채소의 균형은 물론 다양한 장류는 영양학적으로 균형 잡힌 식단을 제공합니다. 올여름 파리 올림픽에서 한국 선수촌의 식단이 전 세계 선수단으로부터 훌륭한 식단으로 인정받은 이유입니다.

농촌진흥청의 보고서에 따르면 김치와 된장, 고추장 등 발효식품은 노화를 억제하고 항암 효과가 뛰어나다고 입증되었습니다. 특히 김치는 부재료인 마늘, 생강, 고춧가루, 쪽파가 김치 발효균에 의해 발효되면서 항암 효과를 더욱 증가시킨다는 사실도 증명하였습니다.** 《한국인의 똑똑한 밥상》을 저술한 전북대학교 차연수 교수는 "한식은 모든 식품군이 균형을 이루는 음식 재료를 사용하고 있고, 가족 구성원 간의 헌신과 이웃과의 소통, 상대방에 대한 배려 등이 깊이 자리하고 있다."며 "바른 식생활의 기본 지침인 골고루, 균형 있게, 적절히 먹기를 실천할 수 있는 과학과 철학의 합작품"이라고 말했습니다.

최근 한류의 확산에 이어 한식도 전 세계적으로 빠르게 확산되고 있지만, 오히려 국내에서는 코로나 엔데믹 이후 혼밥·혼술, 배달과 간편식이 새로운 라이프 스타일로 잡으면서 육류 위주의 외식형 간편식은 증가한 반면 한식은 줄어드는 추세라서 안타깝습니다. 음식은 건강을 지키는 기본이자 민족의 문화와 혼이 담겨 있습니다. 우리 고유의 문화가 담긴 균형 잡힌 식단으로 국민 모두가 더욱 건강한 삶을 유지하기를 기대해 봅니다.

* 〈밥상 위의 건강 보석〉, RDA, Interrobang 151호.
** 〈건강 기능성 연구를 중심으로 한 전통발효식품의 연구동향〉, 식품영양과학회지, 2018.

빅터 프랭클에게 배운 지혜

히틀러는 역사상 유명한 인물이었을지언정 훌륭한 사람은 아니었습니다. 히틀러는 마르틴 루터가 쓴 책의 내용 중에 유대인은 사라져도 되는 존재라는 글을 장교들에게 집중 교육함으로써 전쟁의 당위성을 만들고, 루터의 이념과 의식을 군인들에게 심어서 명분 없는 전쟁을 승리로 이끌어가고자 하였습니다.

빅터 프랭클은 2차 세계대전 중 유대인이라는 명목으로 아우슈비츠에 수감되어서 지옥 같은 감옥생활을 하고도 살아남은 사람입니다. 아이를 임신한 부인과 온 가족을 아우슈비츠에서 다 잃고도 살아가야 할 이유를 찾아 나선 사람, 심리학자이며 정신과 의사였으며 강연자입니다. 그가 쓴《죽음의 수용소에서》는 전 세계에서 1,800만 부 이상이나 판매되었고 지금도 계속 팔려나가는 베스트셀러입니다.

저는 때로 '나는 누구인가?, 왜 이 세상에 태어났을까?' 그냥 목적 없는 하루하루를 살아가고 있지는 않는지? 그런 질문을 저에게 한 적이

있습니다. 빅터 프랭클은 여기에 이렇게 답했습니다. "내가 살아남을
수 있었던 이유는 삶에 대한 사랑과 희망이 있었기 때문이다." 그런데
사람은 지구상에 살아가는 그 어떤 동식물들보다도 잔인할 수 있다는
것을 아우슈비츠는 그에게 가르쳐주었습니다. 그럼에도 불구하고, 비
록 삶이 지옥 같을지라도 살아야 한다는 존재 가치를 깨닫고 살아남기
위해 끝까지 희망의 끈을 놓지 않았던 사람 중 한 분이었습니다.

자기가 살아남기 위해 동료를 팔아먹어야 했던 사람도 있고, 빵 한 조각을 쟁취하기 위해 구더기 끓는 시체를 곁에 두고 밟고 다니며 사람의 주검을 아무렇지 않게 관심 없이 살아가는 세상을 감히 상상이나 할 수 있을까요? 이름은 사라지고 번호로 불리는 나날들, 똥이 얼굴에 묻은 걸 손으로 닦아냈다고 혹독하게 맞아야 한다면 그것은 이미 인간 세상은 아닙니다. 인간이길 포기한 짐승만도 못한 세상으로 전락한, 구더기와 이가 우글대던 그곳에서 그는 살아남아서 삶의 소중함을 가르쳐주고 있습니다.

　수용소에서 더 혹독했던 것은 카포라고 불리는 동족인 유대인 감독관들이었습니다. 그들은 좀 더 먹고 좀 더 넓게 자고 좀 더 좋은 옷을 입기 위해서 동족을 더 잔인하게 다뤘습니다. 우리나라도 일제강점기나, 6.25사변 때 이미 이런 완장을 찬 직위들이 있었음을 생각해 봅니다. 그런데 그 카포들도 하루에 제공되는 물 한 잔으로 세수하고 침묵하며 자세가 바르고 눈에 힘이 있는 사람들에게는 함부로 대하지 않았다고 합니다. 쓰러져서 자기가 싼 똥 위에 드러누워 눈 흰자위에 힘이 풀린 사람들과 자세가 구부정하고 투덜거리는 사람들은 더 잔인하게 함부로 대했고, 그런 사람들은 다 죽기도 전에 실려 나가기도 했습니다. 자신의 몸과 마음을 어디서든 바로 하고 살아가야 하는 이유를 깨닫게 합니다.

빅터 프랭클이 살아남을 수 있었던 이유는…

빅터 프랭클은 자기가 살아남을 수 있었던 이유에 대해 이렇게 말했습니다.

첫째는 임신한 부인을 위해 기도하고 그 사랑의 기억으로 살아가고자 애썼다. 둘째는 자연에 대한 깊은 교감이다. 아름다운 자연을 다시 보고 싶다는 희망을 갖고 살아가고자 애썼다. 셋째는 자신이 수용소에 들어오기 전에 연구했던 것들에 대한 아쉬움과 그것을 다시 세상에 나가 마무리하고 싶은 희망을 가지고 종이 조각들을 주워서 연구했던 내용을 기록하며 잊어버리지 않고자 노력하였다.

히틀러가 전쟁에서 패하기 시작하자 수용소에 대한 흔적을 지우기 위해서 나치는 그들을 스위스로 옮긴다면서 유대인들을 트럭에 태웁니다. 그 트럭에 탄 사람들은 모두 다 불에 타 죽었지만 빅터 프랭크와 몇몇 사람들은 그 죽음으로 가는 트럭에 탈 수 없어서 살아남습니다. 살아남았다는 기쁨을 느끼기엔 너무나도 가혹하게 무감각만 키워놓은 수용소 생활이었을까요? 적십자가 들어오고 흰 깃발이 나부끼고 더 이상 혹독하게 구는 사람들이 사라졌어도 한동안 살아남았다는 안도감과 기쁨을 느끼지 못했다고 합니다. 인간이 인간을 얼마나 잔인하게 말살하면 그렇게 될 수 있었을까요?

사람들이 참혹한 수용소에서 자살을 하지 않은 이유 중의 하나가 바로 옆에 가스 목욕실이 있었기 때문이었다고 합니다. 참 아이러니한 말이기도 하지만, 그들은 바로 곁에 죽음을 두고 죽음과 함께 죽음을 살고 있었습니다. 그들에게 죽음은 아무런 문제가 아니었습니다. 그래서 그들은 굳이 자살을 하지 않아도 되었습니다. 그들은 언제나 죽을 수 있었으므로…

자신을 구하는 길은 삶에 대한 사랑과 희망입니다

빅터 프랭클은 "결국 자신을 구하는 것은 삶에 대한 사랑과 희망이다. 모든 것은 사랑 안에서 시작하여 사랑으로만 이뤄진다."고 말하였습니다. 지금의 삶이 지옥 같다고 생각하면 그곳이 지옥이고 지금의 삶이 천국 같다고 생각하면 그곳이 천국입니다. 지옥을 살 것인지, 천국을 살 것인지는 자신에게 달려 있습니다. 우리가 살아야 하는 이유도 바로 내 안에 사랑과 빛이 있고 그것을 더 키워야 하기 때문이고, 내가 사랑해야 할 대상들이 있기 때문입니다.

저는 빅터 프랭클에게서 인간 생명의 존엄성을 배웠습니다. 인간은 누구도 다른 인간들의 생명에 대한 존엄성을 짓밟아서는 안 됩니다. 인간의 존엄성은 말할 수 없이 귀합니다. 귀하디귀한 생명을 가진 자신을 정화하고, 용서하고, 사랑하고, 성찰함으로써 자신을 회복시키고 이웃에 대한 사랑으로 사는 사람은 천국을 사는 것일 것입니다.

빅터 플랭클은 저서에서 니체의 말을 인용했습니다. "왜 살아야 하는지 아는 사람은 그 어떤 상황에서도 견딜 수 있다." 내가 귀하면 상대도 귀합니다. 그리고 내가 귀한 존재임을 아는 사람은 함부로 세상을 논하지 않을 것입니다. 생명은 천하보다 귀하고, 세상 만물 어느 하나 소중하지 않은 것이 없기 때문입니다. 그러기에 나도 귀한 존재라는 것을 알며 살아간다면 빅터 플랭클처럼 죽음 앞에서도 희망의 끈을 놓지 않고 앞으로 나아갈 수 있을 것입니다. 인간은 소우주라고 합니다. 세상 만물 중 가장 존귀한 존재라는 사실에 감사를 드립니다.

긍정의 힘

한 강사가 청중에게 '농사지어서 1억 원을 벌 수 있는가?'라는 질문을 던졌습니다. 누군가는 토지가 없어서 농사를 지을 수 없다고 하고, 누구는 몸이 건강하지 않아서 힘든 노동을 할 수 없다고 하고, 또 다른 누구는 농사 경험이 없어서 농사를 지을 수 없다고 답했습니다. 왜 하나의 질문에 답은 제각각일까요? 그 원인은 바로 각자가 지닌 프레임 때문입니다.

프레임의 사전적 의미는 자동차나 자전거의 뼈대, 즉 창틀이나 액자의 형태를 말합니다. 하지만 프레임은 사물의 형태뿐만 아니라 우리의 시각이나 마음가짐도 눈에 보이지 않지만 일정한 형태 즉 프레임을 가지고 있습니다. 이웃을 판단하거나 세상을 바라보는 관점, 고정관념도 일종의 프레임입니다. 우리는 늘 프레임을 만들고 프레임을 씌우고 있다고 해도 과언이 아닐 것입니다.

세상은 상상할 수 없을 만큼 넓고 다양하지만 우리는 우리가 만든 틀(프레임) 안에서만 세상을 바라봅니다. 코끼리를 훈련 시키는 방법은 어릴 때부터 말뚝에 발을 묶어 두는 것입니다. 성장한 코끼리는 나무도 뽑을 만큼 에너지를 지녔지만 가느다란 밧줄에도 도망가지 않는다고 합니다. 성장한 코끼리는 여전히 어릴 때 묶인 밧줄만 기억(프레임)하고 있기 때문입니다.

프레임은 경험과 고정관념과 생각의 결과물입니다

프레임은 우리가 알지도 못하는 사이에 주위 환경에 의해 우리의 사고와 행동을 결정하게 합니다. 정보화의 시대인 요즘 쏟아지는 언론보도는 우리의 사고와 판단에 많은 영향을 미칩니다. 프레임을 좌우하는 것 중에 하나가 이름입니다. 우리는 스스로 이름을 붙이고 이름 붙인 대로 판단합니다. 예비군복만 입으면 말과 행동이 달라지는 것이 좋은 사례입니다. 군인이란 프레임이 작동한 결과입니다. 마찬가지로 공돈이라고 부르는 순간 돈의 가치가 떨어지고 주머니에 머물지 못하게 됩니다.

미국의 코넬대학교 스턴버그 교수는 어리석음의 첫 번째는 '자기중심성'이라고 꼬집었습니다. 자신이라는 프레임에 갇혀 스스로 자신은 객관적이고 합리적이라고 주장하면서. '저 사람은 원래 저런 사람이야.'라고 프레임을 씌우고 판단하게 됩니다. 하지만 실은 우리는 상대를 잘 알지 못합니다. 그저 그의 말과 행동을 보고 판단한 정도가 전부입니다. 심지어 '개떡같이 말하고서는 찰떡같이 알아들어.'고 고집

부리기도 합니다. 개떡 같은 말은 개떡같이 들릴 수밖에 없습니다.

프레임을 확장하려면 남과 비교하지 말고
긍정적인 생각을 가져야합니다

우주는 거의 무한한 세상입니다. 지구가 포함된 태양계 같은 행성만 해도 200만 개가 넘는다고 합니다. 우리의 사고도 한계가 없습니다. 다만 우리가 스스로 만든 닭장 같은 프레임에서 벗어나기만 하면 됩니다. 무한한 세상을 자유로이 지혜롭게 사는 방법은 우리의 시각 즉 프레임을 확장하는 것입니다. 프레임을 확장하려면 무엇보다도 남과 비교하지 않은 삶을 사는 것입니다. 남과 비교하면 자신이 초라해지고 자신감도 달아나고 창조주께서 주신 자유도 달아나게 됩니다. 이 세상에 나와 똑같은 사람은 아무도 없습니다. 이 지구상에서 오직 유일한 존재인 나를 남과 비교할 아무런 이유가 없습니다.

그다음으로 긍정적인 생각을 갖는 것입니다. 세상은 빛이 있으면 어둠이 있고, 오르막이 있으면 내리막도 있기 마련입니다. 굳이 어둠을 두려워하거나 내리막이라고 불평할 이유가 없습니다. 온천지가 먹구름으로 덮여 있다고 하더라도 그 먹구름 위에는 찬란한 태양이 빛나고 있다는 사실을 기억해야 합니다. 우리는 어두움에서도 내리막길에서도 희망과 긍정의 에너지를 가져야 합니다. 물컵에 물이 반밖에 없다고 하는 것보다는 컵에 물이 반 컵이나 있어서 갈증을 해소할 수 있다는 긍정적인 사고가 훨씬 지혜로울 것입니다.

생각과 말과 행동이 운명을 결정합니다

《백만장자 시크릿》의 저자 하브 에커는 "당신이 어떤 것 하나를 하는 방식이 곧 당신이 모든 것을 하는 방식이다. 생각이 감정을 낳고, 감정이 행동을 낳고, 행동이 결과를 낳는다.”라며 우리의 생각과 행동이 우리의 삶을 결정한다고 하였습니다. 애당초에 타고난 운명이란 없습니다. 다만 우리의 생각과 말이 운명을 만들고 있는 것입니다. 밝고 빛나는 길을 걸을 건지, 어둡고 힘한 길을 걸을 것인지는 평소 가진 프레임에 달렸습니다. 밝고 멋진 길을 가려면 긍정적인 생각부터 가져야 할 것입니다. 생각이 말이 되고 말이 행동이 되고 행동은 습관을 만들고 습관은 운명을 만들고 우리의 인생을 만들기 때문입니다. 긍정적인 생각은 우리의 삶을 밝은 세상으로 안내하고 순탄한 운명으로 이끌 것입니다. 이 글을 읽으시는 모든 분! 늘 세렌디피티(serendipity)* 하시길 기원합니다.

* 세렌디피티(serendipity) : 뜻 밖의 우연에서 멋진 행운을 얻는다는 단어

디지털의 역습을 막으려면

귀족들은 노예에게 글을 가르쳐 주지 않았습니다. 자신의 명령에 순종하기를 바라는 욕심으로 노예가 더 이상 똑똑해 지기를 바라지 않았기 때문입니다. 세종대왕은 어려운 한자 대신 쉬운 우리의 글을 만들어 백성들이 지혜를 갖기를 바라는 마음에서 훈민정음을 창제하셨습니다. 세종대왕이 지구상의 수많은 지도자나 귀족들보다도 훨씬 돋보이고 존경받는 이유입니다.

지금 우리는 정보의 홍수 시대에 살고 있습니다. 손가락만 움직이면 세상의 모든 정보를 실시간으로 파악할 수 있습니다. www가 만든 세상은 국경은 물론 시공을 초월하여 필요한 모든 정보를 실시간으로 제공해 줍니다. 스마트 폰은 부모나 가족보다도 소중한 그 무엇으로도 대체할 수 없는 분신이 되었습니다. 심지어 스마트 폰이 없으면 불안해하는 노모포비아(Nomophobia) 환자가 크게 늘고 있으며, 특히 청소년에게 더욱 빠르게 확산되고 있다고 합니다.

스마트 폰이 보급되면서 서점가의 도서 판매량이 급격하게 줄었다고 합니다. 심지어 혹자들은 디지털 세대를 일컬어 학습을 거부하는 반지성주의자라로도 합니다. 디지털 세대에겐 장시간 곰곰이 책을 읽은 활동은 비생산적이고 합리적이지 않다고 판단합니다. 그들은 책을 읽는 대신 웹 서핑을 하는 것이 훨씬 효율적이라고 믿고 있습니다.

디지털은 우리에게서 기억할 필요를 앗아 갔습니다. 우리는 기억하는 대신 정확한 정보 소스를 찾아가는 것이 생존의 지름길이라고 믿고 있습니다. 심지어 노동할 필요도 없다고 믿게 만들었습니다. 먹거리나 소득을 얻기 위해 노동하는 것보다 독특한 새로운 정보를 재가공하여 전달하거나 유튜브를 제작하여 또래를 공감하게 하는 것이 더 현명한 활동이라고 믿고 있습니다.

책은 독자의 사고를 넓히고
새로운 세계로 안내해 주는 나침반입니다

문제는 인터넷 세상은 청소년들에게 생산보다는 소비 지향으로, 사색하기보다는 즉흥적으로, 책을 읽는 것보다는 웹 서핑이 현명하다고 가르치고 있는 것입니다. 청소년기에는 자의식이 강합니다. 자신이 누구인가 판단 기준을 사회 규범이나 현자들의 지혜에서 찾지 않고 또래의 반응과 또래의 문화에서 찾고 있습니다. 또래의 판단이 절대적입니다. 즉흥적이고 지극히 현실적이다 보니 미래지향적이지 못합니다. 또

한 청소년들은 과거 전통보다는 순간적이고 자극적인 문화에 몰입하고
책 읽는 것도 거부합니다. 책은 단순한 지식과 정보만 제공하는 것이
아닙니다. 책은 독자의 한계를 깨닫게 하고 사고를 넓히고 새로운 세계
로 안내해 주는 나침반입니다. 많은 청소년들이 독특한 능력을 지닌 사
람이 되고 싶어 합니다. 저는 독특한 사람이 되고 싶으면 책에서 그 답
을 찾으라고 권하고 싶습니다. 독서는 생각을 키우고 시간을 압축하는

힘을 길러 줍니다.

우리는 인공지능이라는 거대한 배를 타고
미지의 세계를 항해하고 있습니다

우리는 인공지능 시대를 살고 있습니다. 알파고가 세상을 떠들썩하게 했던 것도 과거의 이야기가 되었습니다. 자율주행차와 로봇, 사람처럼 말하는 Chat-GPT는 이미 놀라운 일이 아닙니다. 지난 2년간 생성형 AI의 성능과 지능이 1,000배 증가했다고 합니다. 이 추세라면 2028년이면 지금보다도 10만 배 증가할 수 있다고 전망하고 있습니다. 곧 AI가 인간을 초월할 것이라고 샘 울트먼이나 젠슨 황 등 전문가들은 장담하고 있습니다. 심지어 인공지능이 인간을 노예처럼 구속할 수도 있다고도 합니다. 지금 우리는 인공지능이라는 거대한 배를 타고 미지의 세계를 항해하고 있습니다. 거센 파도와 미지의 세계를 어떻게 극복해야 할까요? 일찍이 경험하지 못한 초대형 쓰나미를 극복하려면 솔로몬의 지혜가 있어도 부족할 것입니다. 전문가들은 창의력을 키워야 한다고 합니다. 창의력과 지혜는 현자들의 책을 통해서 얻을 수 있을 것입니다. 올가을에는 손에 들고 있는 디지털을 내려놓고 현자들의 지혜에 관심을 가져 보기를 기대해 봅니다.

생각은 씨앗이다

오래전 태국에서 일어난 사건입니다. 국왕이 끔찍이도 사랑하는 왕비가 있었습니다. 어느 날 왕비가 공주를 데리고 배를 타고 호수를 유람하다가 배가 기울면서 그만 물에 빠지고 말았습니다. 왕비가 물에 빠졌지만 아무도 왕비를 구하는 사람이 없어서 왕비와 공주 그리고 태중의 아기까지 졸지에 세 명이나 죽었다고 합니다. 신하들과 궁녀들은 왜 물에 빠진 왕비를 구하지 않았을까요? 그 당시 태국의 법은 국왕 외에는 아무도 왕비의 몸에 손을 댈 수 없었다고 합니다. 왕비의 몸에 손을 대는 자는 죽임을 당하는 법 때문에 태국의 왕비는 신하들이 보는 앞에서 어처구니없는 죽음을 맞았습니다. 우리의 상식으로는 이해가 되지 않는 법은 왕비가 죽은 지 15년 후에야 없어졌다고 합니다.

조선시대에 왕위를 세습할 때, 백성들이 세습하지 말고 투표로 왕을 뽑자고 이야기를 했다면 결과는 어땠을까요? 아마 그 투표 이야기를 꺼낸 사람과 그 가족들은 온전하지 못했을 것입니다. 그럼 오늘날 대통령을 뽑을 때 선거 대신에 조선시대처럼 세습하자고 하는 사람이 있다면 그를 어떻게 생각할까요? 아마 그도 여론의 뭇매를 맞을 것입니다.

내 생각과 말과 행동은 나를 평가하는 기준이 됩니다

오랜 역사에 걸쳐 구성원들이 만들어 놓은 문화와 법은 대단한 위력을 지니고 있습니다. 문화는 사회를 이끌고 그 시대 사람들의 의식과 수준을 반영합니다. 지금 내가 가지고 있는 생각과 행동은 과연 누가 봐도 옳은 생각이고 올바른 행동일까요? 내 생각과 말과 행동은 나를 평가하는 기준이 됩니다. 우리가 성장하기 위해서는 자기 성찰이 필요하다고 생각해 봅니다. 지금 내가 지닌 생각과 행위들이 나와 가족들과 이웃에게 건전한 도움이 되고 서로가 서로를 살리는 행위인지? 주변 사람들에게 밝은 미래를 만들어주는 생각인지? 자신의 생각과 행동들이 사랑에서 비롯된 건지, 내 욕심에서 비롯된 것인지? 생각해 봅니다. 내 주변과 나를 세세히 살펴보는 일이 습관이 되면 나는 매일 한 걸음씩 앞으로 성장해 갈 것이고, 그것이 주변을 돕는 길이 되고, 상생하는 길이라고 생각합니다.

사람을 속박할 수 있는 존재는 자기 자신입니다. 생각은 우리의 삶의 질을 결정하는 요인입니다. 생각을 자신의 몸을 가꾸듯 가꾸어 나가야 합니다. 박찬호 선수는 "나를 슬럼프에 빠트리게 한 가장 큰 요인은 안 된다는 생각이었다."라고 하였습니다. 미국의 예일대학교에서 나이가 드는 것을 긍정적으로 바라보는 시니어 그룹과 부정적으로 바라보는

그룹을 나누어서 조사한 결과 자신의 삶을 아름답다고 긍정적인 생각

을 하고 산 그룹은 부정적인 생각을 가진 그룹보다 평균 7.6년을 더 살

았다고 보고하였습니다.

생각은 씨앗이 되어 자랍니다

생각은 씨앗입니다. 자신이 어떤 씨앗을 뿌렸는지는 행동으로 나타납니다. 우리는 생각의 주인이자 지배자입니다. 생각 하나 잘하면 인생이 바뀝니다. 우리의 미래도 생각 하나로 바뀔 수 있습니다. 지금 내가 하고 있는 생각이 얼마나 오랜 시간들을 통해서 형성된 것들인지? 누구에게 배운 것인지? 내가 편협한 생각은 갖지 않는지? 되돌아 보고 또 생각하고 있던 것들의 위험성은 없는지? 저에게 경고해 봅니다. 긍정적인 생각을 갖도록 저에게 도움을 주신 분들을 기억하고 감사한 마음을 가져 봅니다. 오늘도 제 생각이 저를 올바르게 이끌고 있는지 순간순간 살펴보는 습관을 갖고자 결심합니다.

사마천은 왜 궁형을 당했나?

기원전 99년 한나라는 흉노족의 침략을 받게 됩니다. 한 무제는 아끼는 장수 이릉을 파견하여 흉노족과 싸우게 하였습니다. 이릉은 5천 명의 군사를 이끌고 흉노 정벌에 나섰지만, 5만 명에 가까운 흉노족을 이길 수 없자 항복을 하게 됩니다. 한무제는 이릉이 배반했다고 판단하고 그 가족을 몰살시키라고 명령합니다. 가족을 몰살시켜 흉노족에 항복한 이릉에게 심적 괴로움이라도 주려고 한 것입니다. 신하들도 왕을 거들며 앞다투어 방계 가족까지 처벌해야 한다고 목소리를 높였습니다. 다른 신하와 달리 묵묵히 있는 사마천에게 왕이 의견을 묻자 사마천은 "이릉 장군이 비록 적진에 있지만, 그가 항복하였는지 붙잡혔는지도 모르고, 항복하였다 하더라도 그 이유가 있을 것인데 그 가족까지 처벌하는 것은 과하므로 이릉의 그동안 충절을 헤아려 달라."고 답하였습니다. 이성을 잃은 한 무제는 이릉의 가족은 물론 사마천까지 극형에 처하라고 명령하였습니다.

사마천은 극형 대신 선비로서 감당하기 힘든 치욕스런 궁형(거세)을 선택하여 목숨만은 구제합니다. 평소 사마천의 곧은 성품을 존경하던 사람조차도 사마천이 명예롭지 않다고 비난하였습니다. 당시 사마천의 치욕이 어느 정도인지 사마천은 이렇게 기록하였습니다. "궁형을 당하는 것보다 더 큰 치욕은 없다. 이 몸 또한 거세되어 천하의 비웃음거리가 되었다. 하루에도 창자가 아홉 번이나 끊어지는 듯하고 집 안에 있으면 정신이 멍하고, 밖에 나가면 어디로 가야 할 줄을 모른다. 치욕을 생각하면 등골에서 식은땀이 나와 옷을 적시기 일쑤다." 하지만 사마천은 사형보다도 치욕스러운 궁형을 자처하면서 목숨을 부지한 이유가 있습니다.

사마천은 중국 전한시대 섬서성에서 천문과 역법을 연구하는 태사령(太史令)인 사마담의 아들로 태어났습니다. 아버지 사마담은 곧은 성품 때문에 왕의 신임을 잃게 됩니다. 왕이 하늘에 제사를 지내는 봉선(封禪) 행사에 참석하지 못하고 태산 아래에서 대기하라는 명을 받자 이에 실망하여 병을 앓다가 죽게 됩니다. 죽음을 앞두고 아들 사마천을 불러 그동안 수집한 자료를 가지고 중국의 역사서를 꼭 남기라고 유언을 남깁니다.

사마천은 아버지의 숭고한 뜻을 실행하고, 왜곡된 중국 역사서를 바르게 남기기 위해 개미 목숨과도 같은 자신의 하찮은 목숨을 담보하면서 《사기(史記)》를 편찬하였습니다. 그는 역사를 기록하여 후세에 남기는 것이 자신의 가장 큰 사명이라고 생각했기 때문입니다.

중국을 탄생시킨 것은 진시황제가 아니라 사마천이다

미국 프린스턴대학 니콜라 디코스모 교수는 "중국을 탄생시킨 것은
진시황제가 아니라 역사가 사마천이다"라고 추앙했습니다. 사마천은
동서고금을 통해서도 찾아보기 어려운 위대한 역사가입니다. 위대한
스승 사마천이 전하는 교훈을 두 가지 측면에서 헤아려 보고자 합니다.

하나는 육체를 거세당하고 인생을 거세당하는 치욕을 감수하면서도 진실을 알리고 후손을 일깨우기 위해 역사를 기록한 사마천의 사명감입니다. 사명감은 우리의 존재 가치를 높여 줍니다. 사명감은 자아를 존중하고 이타심이 강하며 긍정적 에너지를 갖게 하여 삶을 성공으로 이끕니다. 자신의 소임을 위해 목숨까지 아끼지 않은 사마천과 같은 사람이 있기 때문에 조직이 유지되고 국가가 유지되는 것입니다.

국가의 흥망성쇠는
지도자가 백성의 신뢰를 얼마나 얻느냐에 달렸습니다

다른 측면은 사마천이 《사기》를 통해 후손에게 전하는 메시지입니다. 사마천은 국가의 흥망성쇠는 지도자가 백성의 신뢰를 얼마나 얻느냐에 달렸다고 지적하였습니다. 90여 명의 제왕과 200여 명의 지도자들의 리더십과 흥망성쇠를 통해 지도자들이 갖춰야 할 덕목을 제시하고 있습니다. 뿐만 아니라 특히 고통을 이겨 내고 대작을 남긴 사례는 고통을 외면하는 현 사회에 신선한 충격을 주고 있습니다. 주 문왕은 유폐당했을 때 《주역(周易)》을 풀이했고, 공자는 진(陳)과 채나라에서 고난을 당했을 때 《춘추(春秋)》를, 초나라 굴원(屈原)은 쫓겨 다니면서 《이소(離騷)》를, 좌구명(左丘明)은 실명한 이후에 《국어(國語)》를 지었습니다. 여불위는 촉나라로 좌천된 뒤 《여씨춘추(呂氏春秋)》를 간행했다고 합니다.* 특히 작곡가에게 생명과 같은 청력을 상실하고도 교향곡의 대명

사라 할 수 있는 '운명교향곡'을 비롯하여 많은 명작을 작곡한 베토벤의 열정과 정신력은 인간의 한계를 극복하였습니다.

　고통은 우리의 적이 아닙니다. 고통은 우리를 성장시키고 성공으로 이끄는 길입니다. 비 온 뒤에 땅이 다져지듯이 고통의 보상은 그 무엇과도 바꿀 수 없는 고귀한 선물입니다. 농부가 뜨거운 여름철 잡초를 뽑고 작물을 돌봐야 가을에 풍성한 수확을 얻을 수 있는 것입니다. 아놀드 슈왈제네거의 말을 되새겨 봅니다. "만약 당신이 목표를 이루기 위해 노력하면서 현재 아무런 고통도 겪지 않는다면 당신은 아직도 최선을 다하지 않고 있는 것이다."

* 삶이 그대를 힘들게 할 때는. 네이버카페. 인터라이터

양심이 없다면?

　나는 과연 잘 살고 있는가? 가족이나 이웃 또는 다른 피조물에게 상처를 주지 않았는가? 이루 말할 수 없이 무수히 많은 아픔과 상처를 주었습니다. 우리의 반성과 회개의 근원에는 마음속에 자리 잡고 있는 양심이 있기 때문입니다.

　양심의 사전적 의미는 자기의 행위에 대해 옳고 그름, 선과 악의 판단을 내리는 도덕적 의식입니다. 양심은 언제부터 어디서 왔을까? 아담은 하와가 준 선악과를 먹고 창조주께서 너 어디에 있느냐고 했을 때 비로소 알몸인 것을 알고 부끄러움을 느꼈습니다. 양심은 창조주께서 인류에게 준 척도이자 선물입니다.

양심은 마음속의 거울입니다

　누구나 양심은 있습니다. 다만 양심을 의식하면서 사느냐, 개의치 않고 사느냐에 따라 사람의 됨됨이가 다를 뿐입니다. 철학자 쇼펜하우어는 양심을 '마음속의 거울'이라고 했습니다. 그런데 사람들은 이 거울에 비친 것을 자기가 아닌 다른 물체로 여기는 경향이 있다고 쇼펜하우어는 말했습니다. 우리는 잘못을 저지른 후에야 양심의 가책을 느낍니다. 그릇됨이 있기에 반사적으로 양심이 반영됩니다. 결국 양심은 사회적 관계적 동물인 우리가 서로 간의 관계 안에서 바르게 살아가도록 이끌어 주는 나침반입니다. 양심이란 나침반이 없다면 수치심도 죄의식도 없을 것이고 범죄도 더욱 기승을 부릴 것입니다. 나아가 더 이상 인류가 살아갈 수 없는 세상이 될 수도 있을 것입니다.

인공지능은 인류 역사상
최대의 성과인 동시에 마지막 기술입니다

지금 우리는 양심 없는 세상을 맞고 있습니다. 바로 인공지능(AI)이 주도하는 4차 산업혁명의 시대가 시작되었기 때문입니다. 우리에게 잘 알려진 인공지능은 이세돌과 바둑 대결을 벌인 알파고입니다. 알파고의 딥 러닝 기술은 하루가 다르게 급속도로 진화하고 있으며, 이미 우리 생활 깊숙이 파고들고 있습니다. 채용 면접을 AI가 대신하고 있으며 미국에서는 비자 발급 심사도 AI가 처리하고 있고 심지어 환자 치료와 수술도 AI가 하고 있습니다. 많은 석학들과 빅테크 기업의 수장들이 앞다퉈 AI가 가져올 위험성에 대해 경고하고 있습니다. 그들은 인공지능이 인류의 큰 재앙을 초래할 수 있으며, 인공지능은 인류 역사상 최대

의 성과인 동시에 인류의 마지막 기술이라고 주장하고 있습니다. 지난 해 AI 챗봇 '이루다'가 이용자에게 폭언과 성적 수치감을 주어 큰 파장을 일으켰습니다. AI를 잘못 사용하면 사회적으로 큰 무리를 일으킬 수 있다는 것을 전 세계에 알려 준 사례입니다.

AI 개발자들은 인공지능도 윤리의식이 있다고 주장하고 있으나 한편에서는 그 윤리의식은 사용자 측의 윤리의식이 아니라 개발자 또는 사업자 측 윤리의식이라는 주장이 팽배합니다. 2023년 유럽 연합(EU)에 서는 세계 최초로 인공지능의 안전성을 높이고 투명성을 강화하기 위한 규제 법안*이 발의되었으며, 우리나라도 2020년 과학기술부의 '사람 중심의 인공지능 윤리 기준'을 통해 인공지능 개발을 위한 3대 기본 원칙과 10대 핵심 요건을 제시하였습니다. 문제는 개발자의 윤리의식이나 사명감입니다.

인공지능이 인류의 삶에 기여하고 사회적 공공성을 증진시키는 동시에 개인의 권리와 자유를 보호하도록 설계되어야 할 것입니다. 4차 산업 혁명 시대에 양심 없는 AI에게 종속될 것인지, AI가 양심과 윤리의식을 갖도록 할 것인지는 개발자를 포함한 우리에게 달렸다고 봅니다. AI를 만드는 것은 인간이기 때문입니다. 우리 모두가 양심 있는 삶을 영위한다면 우리는 인공지능과 함께 더욱 편리하게 삶을 영위할 수 있을 것입니다. 우리의 미래는 우리에게 달려 있기 때문입니다. AI에게 '너 어디 있느냐?'고 물었을 때 '인류의 선한 마음(양심) 안에 있습니다' 라는 답을 기대해 봅니다.

* AI법(인공지능 규제법), Naver 지식백과

복을 불러오는 말

한 정육점에서 두 사람이 고기 한 근씩 샀습니다. 누가 봐도 확연하게 앞 사람의 고기가 더 많고 비계도 적었습니다. 바로 뒤에 고기를 산 사람이 "같은 한 근인데 왜 앞 사람의 고기와 내 고기가 다르냐?"고 따졌습니다. 정육점 주인은 점잖은 말투로 "저분이 산 고기는 김 서방이 썬 고기이고, 이 고기는 김 씨가 썬 것이라네." 그제야 "김 씨 고기 한 근만 주게."라고 자신이 말한 것이 생각났습니다.

발명왕 에디슨은 어떻게 그렇게 많은 제품들을 발명할 수 있었을까요? 한 기자가 그 비결을 묻자 에디슨은 전혀 뜻밖의 답변을 하였습니다.

내가 초등학교에 입학했을 때 담임선생님께서 부모님께 전해 주라며 편지 한 통을 주셨습니다. 어머니는 담임 선생님이 주신 편지를 읽고 눈물을 흘리셨습니다. 우는 어머니께 선생님께서 뭐라고 하셨는데 우시냐고 물었더니 어머니께서는 "사랑하는 내 아들이 천재라서 아들을 가르칠 선생님이 없다고 하시는구나. 이제 엄마랑 공부하자꾸나. 천재 아들." 나는 천재인 줄 알고 자랐습니다. 최근에 어머니 유품을 정리하다가 담임 선생님께서 주신 편지를 봤습니다. 그 편지에 "에디슨은 ADHD라서 학교에서 가르칠 수 없으니 학교를 보내지 말라."고 쓰여 있었습니다. 중증 ADHD, 정신분열증인 저를 이렇게 키운 것은 어머니이셨습니다. 어머니 말씀처럼 저는 천재로 자랐습니다.

우리가 내뱉은 말은 사라지지 않습니다. 단지 순환할 뿐입니다. 물이 증발하여 구름이 되고 구름은 비로 내려오듯 우리가 한 말 역시 사라지지 않고 어디선가에서 자라고 있습니다. 이 세상의 모든 것은 에너지체입니다. 에너지는 쪼개고 쪼개면 아주 작은 미립자로 존재합니다. 즉 미립자는 눈에 보이지 않을 뿐이지 사라지는 것이 아닙니다.

말은 생각과 감정을 담은 씨앗입니다

우리 속담에 말이 씨가 된다고 합니다. 우리 선조들은 말의 힘을 알고 있었습니다. 말은 생각과 감정을 담은 씨앗입니다. 우리의 언행은 세상을 향해 씨앗을 파종하는 행위입니다. 씨앗은 어디선가 자라고 자라서 다시 화자에게 되돌아오는 속성을 지녔습니다. 입을 떠난 말은 다시 돌아올 때 복이 되거나 벌이 됩니다. 좋은 말은 부드럽고 편안한 분

위기를 만들고, 따뜻한 진심을 담은 말은 메마른 세상에 온기를 불어넣

고 세상을 함께 살아가는 인연을 만드는 것입니다. 말이 그림자라면 행

동은 본체입니다. 언어는 사람의 인격을 담고 있기에 말과 행동이 일치하는 사람은 올바른 삶을 살고 있는 것입니다.

무심코 던진 말이 운명을 결정하고 무책임하게 던진 말이 인생을 가로막는 장애물이 됩니다. 옛말에 "말이 입힌 상처가 칼에 베인 상처보다 깊다."고 했습니다. 말의 영향이 얼마나 큰지 가늠이 되는 말입니다.

외국의 작은 성당의 주일 미사에 한 소년이 신부를 돕다가 긴장한 탓에 포도주를 떨어뜨렸다고 합니다. 화가 난 신부는 어린 소년에게 "저리 꺼져, 다시는 제단에 오지 마."라고 소리쳤습니다. 그 소년은 그 날 이후 성당에 가는 대신 신부를 증오하며 자랐습니다. 그는 바로 공산주의 지도자 유고슬라비아 요시프 브로즈 티토 대통령 이야기입니다.

반면에 작은 도시의 한 성당에서 신부를 돕던 소년이 포도주를 떨어뜨렸습니다. 신부는 두려움에 떨고 있는 소년에게 "괜찮단다. 누구나 실수는 있는 법이란다. 너는 자라서 훌륭한 사제가 될 거야."라고 말했습니다. 그 소년은 자라서 대주교가 되었습니다. 바로 유명한 풀

턴 쉰 대주교 이야기입니다.

똑같은 실수였지만 비난을 받은 어린이는 성장하여 교회를 부정하는 공산주의를 신봉하게 되었고, 반면에 따뜻한 위로를 듣고 자란 어린이는 교회사에 큰 영향을 끼친 대주교가 되었습니다. 바로 말의 힘을 실감할 수 있는 사례입니다.

생각과 말과 행동이 운명을 결정합니다

말은 마음의 열매입니다. 우리의 생각은 말이 되고, 말은 행동이 됩니다. 행동은 습관을 만들고 습관은 운명을 결정합니다. 좋은 습관이 훌륭한 인격을 만드는 것입니다. 훌륭한 사람의 첫걸음은 생각과 말입니다. 말 한마디로 천 냥 빚을 갚는다고 하듯이 말만 바꾸면 인생이 바뀝니다. 말은 나침반입니다. 우리의 뇌는 우리가 하는 말에 영향을 받고 움직입니다. 말은 인생을 바꾸는 지름길이자 강력한 힘을 지니고 있습니다. 고운 말, 칭찬의 말, 감사와 긍정적인 말을 해야 하는 이유입니다.

도도새가 알려주는 생존 전략

아프리카 동쪽 인도양의 모리셔스섬에는 오래전 큰 부리에 청회색의 화려한 깃털을 가진 도도새(dodo bird)가 살았다고 합니다. 육지에서 멀리 떨어진 모리셔스섬은 천적도 없는 데다가 도도새의 주된 먹이인 카바리아 나무 열매가 풍부하여 도도새의 천국이었습니다. 하지만 16세기 초 포르투갈 사람들이 모리셔스섬을 발견한 후에 도도새는 운명이 바뀌었습니다. 사람들을 도통 경계하지 않아 포르투갈어로 '어리석다'는 이름이 붙은 도도새는 사람들이 다가가도 도망가지 않은 탓에 포르투갈 사람들의 손쉬운 사냥감이 되었던 것입니다. 심지어 사람들이 데리고 들어간 원숭이와 돼지들이 도도새의 알을 먹어 치우는 바람에 도도새는 100년 만에 지구상에서 사라지는 신세가 되고 말았습니다.

닭과 오리, 펭귄은 도도새처럼 날 수 없었지만, 오늘날에도 종족을 유지하고 살고 있습니다. 닭과 오리는 인간에게 몸과 알을 제공함으로써 인류와 함께 사는 법을 터득했고, 펭귄은 무리의 공동체 생활로 혹독한 추위를 이겨냈습니다. 오래전 모리셔스섬의 도도새는 추위에서

고생하는 펭귄을 이해하지 못했고, 더욱이 인간에게 몸까지 내어 주는 닭과 오리를 이해할 수 없었습니다. 하지만 이제 사라진 도도새는 모리 셔스섬의 편안함에 안주한 자신의 선택이 결코 현명하지 않았다고 전 해주고 있습니다.

현실에 안주하지 말고 고난과 역경을 극복하라

죽은 도도새가 전하는 메시지는 두 가지입니다. 하나는 현실에 안주하지 말고 고난과 역경을 극복하라는 것입니다. 황제펭귄은 바다표범의 천적으로부터 살아남기 위해 처절하게 경쟁하면서 생존력을 키워왔습니다. 북해에서 잡은 청어를 런던까지 운반하면 대다수의 청어들이 질식사한다고 합니다. 하지만 청어 운반선에 메기 몇 마리를 함께 넣으면 메기에 쫓겨 다니느라 청어가 죽지 않는다고 합니다.

역사학자 헤로도토스는 "이집트는 나일강의 선물이다."라고 했습니다. 왜냐하면 해마다 범람하는 나일강의 거친 환경을 극복하기 위해 이집트는 태양력과 건축술, 천문학을 발전시켰습니다.

유대인은 2천 년 넘게 나라 없이 떠돌아다니는 시련을 겪었습니다. 기원전 바빌로니아의 유배는 물론 로마의 식민지를 거쳐 중세시대 유럽에서는 예수를 죽인 민족이니 돼지 같은 사람이라고 핍박을 받았습니다. 심지어 히틀러 치하 나치에게 600만 명의 유대인이 학살당하는 고통을 겪기도 했습니다. 하지만 전 세계 인구의 0.2% 유대인이 노벨 수상자의 30%를 배출하고 있으며 전 세계 금융과 경제를 쥐고 있습니다. "좋은 환경보다 가혹한 환경이 오히려 문명을 낳고 인류를 발전시키는 원동력이 된다"고 한 역사학자 아놀드 토인비의 말이 새삼스럽게 들립니다.

협력은 생존의 수단입니다

또 다른 하나는 남극대륙의 혹한을 동료들과의 허들링을 통해 추위를 극복한 펭귄처럼 서로 협력하라는 것입니다. 협력은 자연계에서 생존의 수단입니다. 개미와 꿀벌이 대표적인 사례입니다. 꿀벌과 개미는 조를 나눠서 분업을 하지만, 침략자가 침입하면 온 공동체가 협력합니다. 말벌의 공격을 받으면 꿀벌은 말벌을 에워싸 날갯짓으로 열을 내어서 말벌을 질식사 시킵니다. 심지어 밀림의 왕자라고 불리는 사자도 무리 지어 삽니다. 함께 사냥하는 것이 생존에 유리하기 때문입니다.

뿐만이 아니라 도도새는 생존하려면 닭이나 오리처럼 다른 종족과도 함께하라고 일러 주고 있습니다. 타조와 얼룩말이 좋은 사례입니다. 시력은 좋지만 청각과 후각이 좋지 않은 타조는 청각과 후각이 뛰어나지만 시력이 좋지 않은 얼룩말과 공생하여 적들의 공격에 대비한다고 합니다. 봄철 진딧물의 전파 속도는 하루가 다르게 번집니다. 진딧물은 어떻게 이동할까요? 그 비결은 개미에게 식물의 즙액을 주고 개미의 등에 업혀 여기저기 옮겨 다닙니다.

아프리카 속담에 "빨리 가려면 혼자 가고 멀리 가고 싶으면 함께 가라."는 말이 더욱 새롭게 들립니다.

협력이야말로 인류의 본성입니다

도도새가 알려 준 극기와 협력은 급변하는 오늘날 우리 사회에 필요한 과제입니다. "당신의 극기, 그것이 바로 당신을 이 세상에서 가장 빛나게 하는 것"이라는 어느 시인의 말처럼 성공한 삶을 사려면 어떤 어려움이라도 능히 극복해야 할 것입니다. 아울러 인류는 협력을 통해 문명을 꽃피워왔습니다. 협력이야말로 인류의 본성이며, 우리가 마주하고 있는 다양한 위기를 극복할 힘 또한 협력에 달렸습니다. 우리나라 사람들은 무엇이든지 빠르게 일궈내고 처리하는 재능이 있습니다. 아주 좋은 두뇌를 가졌습니다. 하지만, 혼자서는 빠르게 갈 수 있지만 먼 길을 갈 수 없습니다. 사람(人)은 누군가의 지지가 있어야 설 수 있는 존재입니다. 누구를 돕는 일은 아량이 아니라 사명입니다. 잊고 살아온 사명을 되찾을 때 우리는 진정 아름다운 삶을 살 수 있습니다. 혼돈의 시대를 극복하는 길은 누가 뭐래도 협력에 달려 있습니다.

기적은 ing이다

심학규가 공량미 삼백 석에 팔았던 심청을 만나고 또 눈을 뜨게 되고, 흥부는 제비가 물어다 준 박씨로 대박을 터트립니다. 하지만 나한테는 그러한 기적이 없을까? 아마도 수없이 많은 기적들이 지금도 일어나고 있겠지만, 저는 기적을 느끼지 못하고 있을 뿐입니다. 6론나그램이나 되는 이 큰 지구라는 별이 시속 107천 킬로미터, 초속 약 30킬로미터 속도로 일정하게 태양 주위를 돌고 있는 것이 기적이 아닐까 합니다.

진짜로 기적은 보이지 않습니다. 기적은 계속되지만 우리는 기적을 느끼지 못합니다. 복수초는 눈 속에서도 꽃을 피웁니다. 입춘이 지나면 꽁꽁 언 얼음이 녹고 파릇파릇 새싹이 돋습니다. 연두색으로 덮인 산천초목은 어느새 녹색으로 무성해집니다. 한여름 더위가 지나면 무성했던 녹색은 울긋불긋 단풍을 자랑합니다. 어느 누가 만든 것도 아닌 자연 스스로 때가 되면 저절로 이뤄지는 기적입니다. 소리 없이 일어나는 자연의 섭리를 볼 줄 아는 사람은 깨달은 사람일 것입니다.

우리는 대자연이 만든 기적의 수혜자입니다

우리는 흙 한 줌도, 흔하디흔한 풀 한 포기조차 만들 수 없습니다. 내가 꽃을 좋아한다고 꽃잎 하나 만들 수 없습니다. 그저 보고 즐길 뿐입니다. 그 즐거움 속에 기적을 느낀다면 깨어 있는 사람입니다. 산천초목의 대자연은 사시사철 쉼 없이 기적을 만들고 자연의 기적 덕분에 우리는 살아갈 수 있습니다. 식물들은 아름다운 꽃으로, 맛있는 열매로, 벌거벗은 몸뚱어리는 땔감으로 우리를 돕고 있습니다. 우리는 대자연이 만든 기적의 수혜자이지만 기적에 너무나 익숙한 나머지 기적이라 여기질 않습니다.

아기가 하루가 다르게 자라는 것은 기적입니다. 하지만 아기들 몸속의 장기들이 어떻게 형성되어 가는지, 키가 어떻게 자라는지 우리는 알 수가 없습니다. 아이가 건강하게 잘 자란다는 것은 알지만 아기의 몸속에서 일어나고 있는 장기들의 활동까지는 알 수 없습니다. 우리 눈에 보이지 않는 기적들 속에서 아기는 자라고 있습니다.

우리는 바람이 어디서 시작해서 어디로 가는지 볼 수가 없습니다. 볼 수 없음이 또한 기적입니다. 그걸 눈으로 본다면 아마도 괴롭고 두려움이 몰려와서 살아갈 수조차 없을 것입니다. 다만 나뭇가지의 흔들림과 소리로만 바람을 가늠할 뿐입니다. 저는 바람도 그저 부는 것이 아니라는 것을 알고 있습니다. 바람 없이는 벼는 수정을 할 수가 없습니다. 그런데 때가 되면 바람이 불어와 어김없이 벼를 수정시키고 햇빛으로 영

글어져서 우리를 먹입니다. 한 치의 오차도 없이 이뤄지는 보이지 않는

기적입니다. 그런데 저는 어떤 날은 바람이 좋고 어떤 날은 바람이 싫

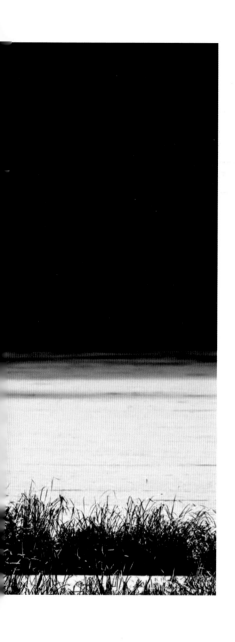

습니다. 바람은 언제나 그 자리에 있을 뿐인데 저는 어떤 때는 바람을 좋아하고 어떤 때는 나쁘다고 생각합니다.

우리의 삶에 태풍도 필요합니다. 태풍이 지나가야 바다가 정화되고, 생물들이 단단해지듯이 이 세상 어떤 것 하나도 허투루 짜인 것은 하나도 없습니다. 어떤 것들이 잘못된 것이라고 보는 것은 오로지 제가 만든 저의 생각입니다. 그 생각들 속에서 제가 성장하고 있는 것도 또한 기적이라고 생각합니다. 우리를 먹이고 살리기 위해 적절하게 그 시간대에 그 자리에 맞춰 놓은 하늘의 거대한 시스템입니다. 그 시스템 속에서 우리가 살고 있는 것입니다. 그 무수한 기적들을 눈치채지 못하고 그냥 숨을 쉬고 살아가고 있을 뿐입니다.

우리가 숨을 쉬게 하려고
식물들은 광합성이란 공장을 가동합니다

우리는 숨을 세어 본 적도 없고 하루에 숨을 몇 번 쉬기로 목표를 세우고 살지도 않습니다. 잠잘 때도 일할 때도 숨을 쉬지 않으면 죽는다는 것은 알면서 숨이 쉬어지는 원리와 그 기적들을 생각해 본 적이 없습니다. 숨은 우리를 살아 있게 합니다. 그 숨을 쉬게 하려고 산천초목들과 식물들은 광합성이란 공장을 가동합니다. 광합성 공장 덕분에 온 지구상의 수많은 동물들이 살아갈 수 있습니다. 식물과 인간, 식물과 동물은 하늘이 만든 시스템 안에서 공존하며 살아가고 있는 것입니다. 그 거대한 시스템은 보이지 않는 기적입니다. 우리는 숨을 쉬기 위해 일부러 산소를 만들 필요가 없습니다. 또 숨을 쉬려고 허파에 어떠한 스위치도 만들 필요가 없습니다. 너무나 당연하기에 기적이라 생각해 본 적도 또 자연에 감사해 본 적도 없습니다.

우리의 지구별 여행은
파란만장한 체험이 기다리고 있습니다

지금 이 순간에도 또 우리가 잠든 시간에도 지구는 우리를 싣고 초속 30킬로미터로 우주를 여행하고 있습니다. 하지만 그 여행에 저는 어떠한 계획도 의도도 가지지 않았습니다. 저는 이 여행에서 한낱 구경꾼일 뿐입니다. 밤하늘에 별이 빛납니다. 그 별은 언제 어디서 빛을 내는지는 저는 알 수가 없습니다. 제 눈에 별빛은 보이지만 별은 잘 보이지 않습니다. 저는 보이지 않는 별에게서 보이는 별빛들의 기적들을 바라보며 매 순간 살아가고 있습니다. 우리의 지구별 여행은 파란만장한 체험이 기다리고 있습니다. 끝없는 터널 같은 삶, 다시 겪고 싶지 않은 굴곡들, 모든 체험은 우연 같은 필연으로 엮입니다. 그 필연을 통해 우리의 지구별 체험은 채워집니다. 자연이 주는 당연한 이치와 순간순간 다가오는 우연 같은 필연을 기적으로 깨닫고 감사할 줄 아는 사람은 행복한 삶이고 깨어 있는 삶일 것입니다.

찰나 같은 현생의 체험은 자본이 만든 물질 세상에서 물질에 지배받지 않고 사랑과 인류애라는 보물을 찾아가는 여행이라 생각합니다. 제 안에서도 제 밖에서도 기적은 늘 존재합니다. 그 기적과 함께 저는 현생의 체험을 채워 가고 있습니다. 자연의 신비함 속에 숨은 기적들을 보면서 하늘의 거대한 시스템과 하늘의 섭리를 헤아려 봅니다. 자연과 우리는 함께하는 유기체이며 모든 인류는 한 공동체라는 것을 깨달을 때 더 큰 기적이 다가올 것입니다. 하지만 진짜로 기적은 눈에 보이지 않습니다. 우리 눈에 보이지 않도록 일을 하고 있기 때문입니다. 그것은 우리의 성장을 위해서 또 우리가 귀하디귀한 존재이기 때문일 것입니다.